联合国世界水发展报告 **2016**

水 与 就 业

联合国教科文组织 编著

中国水资源战略研究会
（全球水伙伴中国委员会） 编译

U0294559

中国水利水电出版社
www.waterpub.com.cn
·北京·

图书在版编目（CIP）数据

联合国世界水发展报告. 2016：水与就业 / 联合国教科文组织编著；中国水资源战略研究会（全球水伙伴中国委员会）编译. -- 北京：中国水利水电出版社，2017.7
书名原文：The United Nations World Water Development Report 2016：Water and Jobs
ISBN 978-7-5170-5670-6

Ⅰ. ①联… Ⅱ. ①联… ②中… Ⅲ. ①水资源管理－关系－就业－研究报告－世界 Ⅳ. ①TV213.4

中国版本图书馆CIP数据核字(2017)第179724号

审图号：GS（2017）580 号

书　　名	联合国世界水发展报告 2016　水与就业 LIANHEGUO SHIJIE SHUI FAZHAN BAOGAO 2016 SHUI YU JIUYE	
原著编者	联合国教科文组织　编著	
译　　者	中国水资源战略研究会（全球水伙伴中国委员会）　编译	
出版发行	中国水利水电出版社 （北京市海淀区玉渊潭南路 1 号 D 座　100038） 网址：www. waterpub. com. cn E - mail：sales@ waterpub. com. cn 电话：（010）68367658（营销中心）	
经　　售	北京科水图书销售中心（零售） 电话：（010）88383994、63202643、68545874 全国各地新华书店和相关出版物销售网点	
排　　版	中国水利水电出版社微机排版中心	
印　　刷	北京市密东印刷有限公司	
规　　格	210mm×297mm　16 开本　10.75 印张　162 千字	
版　　次	2017 年 7 月第 1 版　2017 年 7 月第 1 次印刷	
印　　数	0001—1000 册	
定　　价	**98. 00 元**	

凡购买我社图书，如有缺页、倒页、脱页的，本社营销中心负责调换
版权所有·侵权必究

译者序

随着全球经济和人类社会的发展、人口增长和城市化进程的加快，以及受到气候变化和自然灾害的影响，水显得越来越重要。如何可持续开发、利用和管理水资源，尽快实现全球可持续发展的多项目标，引起了世界各国政府的密切关注和高度重视，并采取了多种有效措施来确保水安全。

由联合国教育、科学及文化组织主导编写的世界水发展系列报告及时总结介绍了各国在研究解决水问题方面的最新成果，受到了各国有关部门、研究机构和关注水问题的热心读者的欢迎。

2016 年的报告涉及了一个新的课题，即水和就业之间的关系。本报告指出，水资源管理和就业这两者之间关系密切、不可忽视，水对于就业至关重要；同时，也强调了在这两者之间的关系中存在着风险和挑战，并提出了相应的解决办法，包括要采取激励措施，以帮助减少失业现象，创造更多的就业机会；报告还介绍了非洲、阿拉伯地区、亚太地区、欧洲和北美地区以及拉丁美洲和加勒比地区在这方面存在的问题、采取的做法和取得的经验。

中国水资源战略研究会（全球水伙伴中国委员会）和中国水利水电出版社国际合作部共同组织相关人员进行了 2016 年世界水发展报告的翻译工作，具体参加人员（按姓氏笔画排列）包括：马依琳、朱庆云、李若曦、吴娟、张潭、张代娣、郑如刚、徐静、徐丽娟、高黎辉、常远、彭竞君、董君、蒋云钟、蔡晓洁。本书的翻译得到了水利部国际合作与科技司的关心指导和大力支持，在此表示衷心的感谢。

中国水资源战略研究会
（全球水伙伴中国委员会）
2016 年 10 月

原版序一

可持续发展、人类迁徙、冲突和自然灾害，以及全球议程中的其他重大问题都与水相关。而就业是影响人口流动、民众动乱和环境可持续的另一个关键因素。

2016年《联合国世界水发展报告》由联合国教育、科学及文化组织所属的联合国世界水评估计划组织协调，与联合国水计划及其他合作伙伴共同完成，阐述了水与就业的联系，提供了为世界各国实现包容、各国经济增长实现可持续的保障措施。本报告中的一些研究成果有助于我们实现可持续发展目标，包括目标6（为所有人提供水和环境卫生）及目标8（让所有人都能从事体面的工作）；可持续发展目标是相互关联的。

本报告的研究成果显示，世界上许多工种都依赖水资源。报告表明，用水紧张和体面工作的缺乏将会加剧安全挑战。报告还指出缺水或水质低劣、遭受破坏的生态系统和可能导致人类被迫迁徙的不稳定性三者之间的关系。

报告要传达的主要信息非常明确：对于体面的工作和可持续发展而言，水是必不可少的。如今，在关注创造就业机会的同时，我们也需要增加投资，用于保护和恢复包括饮用水在内的水资源和卫生。

对于那些有兴趣与我们携手实现可持续发展大胆设想的人们，我把这一报告推荐给您：让我们共同创造一个美好未来，使所有人都能有尊严地生活在一个健康和平的地球上。

联合国前秘书长　潘基文

原版序二

无论从经济、环境还是社会角度来看，水与就业都在不同层次上有着千丝万缕的联系。今年的世界水发展报告实现了新突破：它以其他任何报告都未曾达到的程度分析了水与就业之间的普遍联系。

本报告估计，超过 10 亿个就业岗位，即世界全部劳动力的 40％以上，严重依赖水资源。在农业、林业、内陆渔业、采矿和资源开采、发电和供水及卫生行业，以及包括食品、医药和纺织等在内的制造业和转化业的多个领域，都有这样的就业岗位存在。另有 10 亿个就业岗位，占世界全部劳动力的 1/3，中度依赖水资源，这些岗位涉及建筑、娱乐、运输以及木材、造纸、橡胶/塑料和金属等制造业或转化业。

这意味着，全球劳动力近 80％的就业机会依赖于获得足够的水和与水相关的服务，包括环境卫生。因此，在水行业的工作本身（包括水资源综合管理和生态系统的恢复和整治；建设和管理水基础设施；以及提供水相关的服务，如供水、污水处理、废物管理和补救行动）能够提供有利的工作环境，进而创造和维护全球经济大多数其他产业的体面工作。

随着淡水资源的竞争加剧，加之气候变化带来的影响，各国政府在各自资源基础、潜力和优先事项的基础上，考虑到水的可用性带来的限制，制定和采取相应的就业政策，同时实现人们用水、卫生和体面工作的权利，这变得日益重要。实现适当的产业平衡，并在不损害水资源和生态系统支持能力的情况下，尽可能多地创造体面的、高产的工作岗位，对于确保长期可持续的社会、经济和环境而言至关重要。

在为了解决与水有关的挑战而推出的一系列政策中，一个重要组成部分是保证有足够数量的水领域专家和专业人士能在处理这些挑战的过程中起到提供信息和协助的作用。正如本报告所强调的，要想解决水相关领域目前和持续增长的人力资源缺口，需要决策者立即予以考虑。值得一提的是，随着新技术、新工艺和新方法的出现，农业、林业、渔业、能源、资源密集型制造业、回收利用、建筑和运输业等领域朝着绿色经济转变本身也在改变着与这些不同工作岗位相关的任务范围和所需的专业知识。

我们每个人，包括世界各国、私营部门、开发银行和民间团体，都有责任参与到全球和地方的工作中，努力通过水资源可持续管理来改善数百万人的生活条件，并让所有人都有机会获得饮用水、卫生设施和体面的就业机会。本报告呼吁制定协调一致的长期综合决策，以解决水和就业的关系。国际社会已经通过提出水、卫生、体面工作和可持续发展方面的长期目标来为我们指明了一条光明大道。

我们相信，在最近通过的可持续发展目标和本报告的基础上，世界各地的决策者将迎接挑战，并在水-就业关系上采取行动，最大限度地提高社会利益，避免不采取行动造成的损失。

联合国教育、科学及文化组织总干事　伊琳娜·博科娃

原版序三

水和就业有许多共同点：水对人类生存、环境和经济极为重要，而体面的工作是促进发展和改善生活水平的主要动力。

两者都具有改变人们生活的能力。

2015年，联合国通过了《2030年可持续发展议程》。如今，我们拥有着前所未有的改变世界的机会。在接下来的15年中，我们将通过不懈努力，争取消除贫困、加强世界和平，让整个世界迅速转型至一种可持续、有活力的发展方式，并且不让任何人掉队。

为了做到这一点，我们需要在世界范围内促进社会公正，并制定行动方式及配套政策。本报告显示，全世界几乎一半的劳动力——15亿人——在与水相关的产业工作，同时，几乎所有工作都依赖于水资源或者水资源的安全输送。

然而，数以百万计的人们往往难以得到认可或享受基本劳动权利的保护。这一情况需要改变。第一步就是认可这些劳动者，改变他们的处境，对工作进行组织安排。

该报告通过水的存在、水质和水量来显示水如何对劳动者的生活产生影响；并指出，对于水和卫生进行投资将如何创造有报酬且体面的工作，从而促进绿色经济的发展。

然而，要使这一切成为现实，我们需要更多高素质劳动者，并使其拥有体面工作。这意味着尊严、平等、公平的收入和安全的工作条件。我们需要帮助各国确保所有人都能获得水和卫生服务，提高质量，加强高效管理，完善保护并扩大合作。

作为联合国水计划的新任主席，我为今年的世界水发展报告感到自豪。水和就业在我们努力改变世界的过程中起着重要的支柱作用，我希望本报告能提高我们对此问题的政治理解度。

联合国水计划主席、国际劳工组织总干事　盖·莱德

前言

作为每年发布的系列主题报告的第三部，2016年的《联合国世界水发展报告》关注了以往——特别是在国际范围内——被边缘化的一个主题：水和就业之间的关系。

我们广泛认可水在支撑经济发展和社会福利方面的作用。水对于粮食和能源生产而言至关重要，是各种产业价值链中必需且往往不可替代的资源。因此，这些行业的工作岗位显然依赖于水资源。然而，水与就业的关系并非仅限于此。事实上，这仅仅是个开始。比起"就业岗位创造者"，水更大程度上是"就业岗位促成者"。例如，无论在家庭还是工作场所中，获得安全供水和适当的环境卫生服务都是使劳动人口保持健康和维持生产力所必不可少的。这些服务的提供依赖于自来水公司各个岗位的工人。同样，要想保证水能够在各种依赖水的行业里创造就业机会，水资源管理和水资源相关基础设施建设、维护和运行的工作也同样必要。

当我们尝试以详尽的语言来描绘水与就业之间循环关系的本质及相关程度的时候，就会发现这是一项具有挑战性的任务。在编写本报告时，我们也很快发现，可被用于研究和了解水与就业的关系以及此关系对于经济社会可持续发展的重要性的信息非常少，且更加缺乏相关统计数据。幸运的是，工作人员和合作伙伴的帮助和创造力在很大程度上改善了这种状况，我们成功地编写了一份综合性报告，并希望它能为进一步研究和分析提供坚实基础。我们希望，这份报告将激发人们填补这一知识空白的兴趣，并逐渐意识到这样一个事实，即对于水与就业的关系而言，完善的管理和具有前瞻性的政策有望给所有人带来更好的生活和未来。

《联合国世界水发展报告2016》的目标读者与前几部一致，主要是国家级决策者、水资源管理人员以及专业学者和更广泛的发展共同体。我们希望这份报告还能得到以下读者的认可：各国主管就业的部门、劳工组织、贸易协会和其他重视就业的人士和机构，你们的日常决策和行动常常会与水资源相互影响。

《联合国世界水发展报告2016》是世界水评估计划和牵头机构（联合国粮食及农业组织、国际劳工组织、联合国欧洲经济委员会、联合国拉丁美洲和加勒比经济委员会、联合国环境规划署、联合国亚洲及太平洋经济社会委员会、联合国教育、科学及文化组织、联合国西亚经济社会委员会、联合国工业发展组织、世界气象组织）协同努力的结果，这些机构为研究水和就业提供了重要观点。

该报告还在很大程度上受益于联合国水计划多个成员单位和合作伙伴的投入及贡献，以及众多提供了丰富的相关材料的科学家、专业人士和非政府组织。世界水评估计划技术咨询委员会积极而慷慨地为编写组提供指导，分享知识。感谢联合国妇女署、世界水评估计划性别平等咨询小组和联合国教育、科学及文化组织性别平等处的支持，本年度的报告与世界水评估计划以往的出版物保持一致，持性别主流化观点。

我们一直在努力，将现有的知识以一种基于事实的、平衡和中立的形式展现出来，并涵盖与水和就业有关的最新进展。我们真诚地希望，这份实事求是的报告会成为一个有益、信息性强且可靠的工具，能支持和促使我们更加充分地就我们共同的未来展开积极的讨论，并有助于最终确定和采取适当措施来应对水与就业相关的挑战。正如报告中所论述的，水与就业通常是不可分割的。

我们代表世界水评估计划秘书处，向共同参与编写这份独特权威报告的牵头机构、联合国水计划的成员单位及合作伙伴们、作者、编辑和其他贡献者表达我们最诚挚的感谢。特别感谢国际劳工组织，从本报告的一开始到最后的编辑过程一直给予了重要的指导和支持。

我们还要特别感谢联合国教育、科学及文化组织总干事伊琳娜·博科娃，她对世界水评估计划和本报告的出版提供了重要支持。

我们深深地感谢意大利政府资助本项目，感谢翁布里亚大区在佩鲁贾设立世界水评估计划秘书处。他们对世界水发展报告的编写起到了重要作用。

我们向世界水评估计划秘书处的同事们表达最诚挚的感谢，他们的真实姓名被一一排列在了"致谢"部分。他们的奉献精神和专业精神是这份报告得以完成的重要保障。

最后，还有重要的一点，我们衷心地感谢米凯拉·米莱托，她在 2013 年 9 月至 2015 年 10 月期间担任世界水评估计划临时协调员，对本报告的设计和出版起到了关键作用。

世界水评估计划协调员　斯特凡·乌伦布鲁克

本书主编　理查德·康纳

致谢

世界水评估计划秘书处向参与本报告编写、出版的所有组织、机构和个人表示感谢。

世界水评估计划感谢所有联合国水计划成员单位和合作伙伴的宝贵付出、有益修正和及时支持。我们要特别感谢国际劳工组织在确定本报告结构和主要信息方面所给予的帮助和合作，并感谢其在瑞士日内瓦举办《联合国世界水发展报告 2016》编写研讨会。

《联合国世界水发展报告 2016》同样受益于世界水评估计划技术顾问委员会给予的认真审校、提出的宝贵意见和重要指导。

我们对联合国教育、科学及文化组织总干事伊琳娜·博科娃表示诚挚的感谢，她为本报告的编写提供了关键支持。

我们要感谢联合国教育、科学及文化组织水科学处主管、国际水文计划秘书长布兰卡·希门尼斯-西斯内罗斯（Blanca Jiménez-Cisneros）及其来自他国际水文计划同事的支持。

世界水评估计划衷心感谢国际劳工组织对《联合国世界水发展报告 2016》（西班牙语版）提供的翻译资助，感谢瑞士发展合作署资助法语版的翻译。这两种版本的印刷得到了国际劳工组织、瑞士发展合作署和伊泰普水电站的支持。

我们还想感谢联合国教育、科学及文化组织各区域办事处、联合国各机构和国家合作伙伴以及在国家和地区范围内组织推广活动的机构，他们的工作促进了本报告及其研究结果的广泛传播。

我们非常感谢联合国教育、科学及文化组织阿拉木图、北京、巴西利亚、开罗和新德里办事处为摘要部分的俄语、汉语、葡萄牙语、阿拉伯语和印地语版本翻译提供的慷慨帮助。在巴西国家水务署和联合国教育、科学及文化组织巴西利亚办事处的大力配合下，葡萄牙语版本已被列入本报告的译本系列。

世界水评估计划感谢意大利政府慷慨的资金支持及翁布里亚大区提供的相关设施。

《联合国世界水发展报告 2016》工作组

报告出版负责人

Stefan Uhlenbrook 和 Michela Miletto

主编

Richard Connor

过程协调员

Engin Koncagül

出版负责人

Diwata Hunziker

出版助理

Valentina Abete

排版

Marco Tonsini

编辑

Elizabeth Kemf

世界水评估计划技术顾问委员会

Uri Shamir（主席），Dipak Gyawali（副主席），Fatma Abdel Rahman Attia, Anders Berntell, Elias Fereres, Mukuteswara Gopalakrishnan, Daniel P. Loucks, Henk van Schaik, Yui Liong Shie, Lászlo Somlyody, Lucio Ubertini 和 Albert Wright

世界水评估计划性别平等咨询小组

Gülser Çorat 和 Kusum Athukorala（联合主席），Marcia Brewster, Joanna Corzo, Irene Dankelman, Manal Eid, Atef Hamdy, Deepa Joshi, Barbara van Koppen, Vasudha Pangare, Kenza Robinson, Buyelwa Sonjica 和 Theresa Wasike

联合国世界水评估计划秘书处

协调员：Stefan Uhlenbrook

副协调员：Michela Miletto

项目组：Barbara Bracaglia, Richard Connor, Simone Grego, Angela Renata Cordeiro Ortigara, Engin Koncagül, Lucilla Minelli, Léna Salamé 和 Laurens Thuy

出版：Valentina Abete, Diwata Hunziker 和 Marco Tonsini

宣传：Tiziano Agabitini 和 Simona Gallese

性别：Francesca Greco, Roselie Schonewille 和 Jim Thompson

行政管理：Lucia Chiodini, Arturo Frascani and Lisa Gastaldin

信息技术：Michele Brensacchi

安全：Fabio Bianchi 和 Francesco Gioffredi

专栏、图、表目录

专栏

专栏 2.1 用水紧张、人口迁移和就业 ……………………………………………………… 27

专栏 3.1 农村小水电——清洁能源提供就业机会 ………………………………………… 43

专栏 3.2 非洲的节水和增加就业情况 …………………………………………………… 44

专栏 3.3 2000—2005 年瑞典河流流域水密集型工业的取水量、附加值、就业和
环境成本的演变 …………………………………………………………………… 45

专栏 5.1 以人权为本的方针 ………………………………………………………………… 54

专栏 5.2 水行业的新职业 …………………………………………………………………… 55

专栏 5.3 可持续发展目标 6——为所有人提供水和环境卫生并对其进行
可持续管理 ………………………………………………………………………… 56

专栏 5.4 与水相关的其他可持续发展目标 ………………………………………………… 56

专栏 5.5 可持续发展目标 8——促进持久、包容和可持续经济增长，促进充分
的生产性就业和人人获得体面工作 ……………………………………………… 57

专栏 5.6 取水：从事无报酬工作对女性造成的经济和健康影响 ………………………… 58

专栏 5.7 有志者事竟成 ……………………………………………………………………… 59

专栏 5.8 加纳女性水技能培训 ……………………………………………………………… 59

专栏 5.9 绿色技术可取代女性在农业中的地位 …………………………………………… 60

专栏 6.1 沃尔特河的低水位给加纳经济增长带来的影响 ………………………………… 67

专栏 8.1 分散式污水处理系统 ……………………………………………………………… 78

专栏 8.2 菲律宾的生态高效的水利基础设施 ……………………………………………… 78

专栏 8.3 越南的"软"干预 ………………………………………………………………… 79

专栏 9.1 法国的绿色就业 …………………………………………………………………… 84

专栏 10.1 供水与卫生对经济发展和就业的影响 …………………………………………… 88

专栏 11.1 基础设施项目产生的直接就业 …………………………………………………… 91

专栏 12.1 私营机构组织培训的方式 ………………………………………………………… 95

专栏 12.2 水务机构的伙伴关系（WOP）…………………………………………………… 96

专栏 12.3 能力建设新课题 …………………………………………………………………… 96

专栏 12.4 Cap-Net：能力建设网络 ………………………………………………………… 97

专栏 12.5 乌干达水和环境行业能力建设的国家战略 ……………………………………… 98

专栏 13.1 菲律宾马尼拉水管理区的社会对话 ……………………………………………… 105

专栏 13.2 "少花钱多办事"在商业领域的证明 …………………………………………… 105

专栏 13.3 雀巢公司在越南开展的"农民连接计划"……………………………………… 106

专栏 14.1 满足工厂女工经期需求 …………………………………………………………… 109

专栏 14.2 菲律宾志愿者计划 ………………………………………………………………… 111

专栏 14.3　莫桑比克的小规模私营运营商——Fonctionares Privados do Agua（FPA） ·· 111

专栏 16.1　加快水创新——案例研究 ························· 121

专栏 16.2　信息和通信技术带来的效益 ··················· 122

专栏 17.1　农业和粮食行业就业措施的问题和特殊性 ············ 128

图

图 2.1　2014 年人均可再生水资源总量 ····················· 17

图 2.2　可再生水资源取水比例 ···························· 18

图 2.3　基于取水量与可用水量比的年均水紧张情况（1981—2010 年） ············· 19

图 2.4　可用水短缺的发生频率指数（基于月数据） ·················· 19

图 2.5　全球自然型和经济型水短缺 ························· 20

图 2.6　基于重力恢复及气候实验卫星数据的地下水储量异常情况（2003—2013 年平均值） ···································· 20

图 2.7　基期内（2000—2005 年）与 2050 年主要河流流域水质风险指数对比（CSIRO 中等程度情景下的氮指数） ························· 21

图 2.8　2000 年和基准情景下 2050 年全球需水量（淡水取水量）情况 ·········· 23

图 3.1　直接工作、间接工作、衍生工作和与发展相关的工作 ··············· 31

图 3.2　按行业和性别划分的世界就业情况 ····················· 32

图 3.3　按行业和性别划分的撒哈拉以南非洲地区就业情况 ··············· 35

图 3.4　按行业和性别划分的东亚地区就业情况 ··················· 35

图 3.5　按行业和性别划分的发达经济体和欧盟国家就业情况 ·············· 36

图 3.6　水、粮食安全与营养的多重联系 ······················ 39

图 3.7　主要农业生产系统相关风险概况 ······················ 40

图 3.8　可再生能源行业的就业岗位 ························· 43

图 3.9　水、直接工作和电力 ····························· 43

图 6.1　2007—2017 年非洲和发展中国家国内生产总值增长情况 ············ 63

图 6.2　1950—2050 年非洲人口增长情况 ····················· 64

图 6.3　2010 年非洲各行业的就业分布情况 ···················· 65

图 6.4　非洲部分国家中依赖于水的制造业创造的就业机会 ··············· 66

图 8.1　东南亚 4 个国家中通过绿色映射研究预测的与环境相关的核心就业机会（2010—2012 年） ····························· 78

图 13.1　肯尼亚：绿色经济和一切照旧情景下的农业平均产出 ············· 102

表

表 3.1　全世界和各地区的不同行业、不同性别就业情况（按人数计） ·········· 33

表 3.2　全世界和各地区的不同行业、不同性别就业情况（按百分比计） ········· 34

表 3.3　3 种不同类型国家中农村居民按谋生方式进行分类 ··············· 38

表 3.4　亚洲地区针对不同类型农户的水干预措施 ·················· 41

表 3.5　2010—2030 年全世界各能源领域就业情况 ················· 42

表 3.6　缺水对主要行业的影响 ···························· 44

表 6.1　非洲国内生产总值中渔业和水产业细分行业所占比例 ············· 65

表 6.2　细分行业的就业情况 ……………………………………………………… 66

表 9.1　各子地区水管理、水服务领域就业发展变化趋势 ……………………… 83

表 13.1　可能的农业用水管理干预对生产力和就业的影响程度 ……………… 103

表 13.2　循环再利用行业就业情况的估测 ……………………………………… 105

目录

译者序
原版序一
原版序二
原版序三
前言
致谢
专栏、图、表目录

摘要 …………………………………………………………………………………………… 1

1 简介 ……………………………………………………………………………………… 9

    1.1 投资水资源：经济发展和创造就业之路 ……………………………………… 11

    1.2 昂贵的现状 ………………………………………………………………………… 12

    1.3 水与就业的关系 …………………………………………………………………… 13

2 全球视野下的水 ……………………………………………………………………… 15

    2.1 淡水资源现状 ……………………………………………………………………… 17

    2.2 不断增长的压力和需求 …………………………………………………………… 22

    2.3 气候变化和极端事件 ……………………………………………………………… 24

    2.4 生态系统健康 ……………………………………………………………………… 25

    2.5 面临的挑战 ………………………………………………………………………… 26

3 经济、就业和水 ……………………………………………………………………… 29

    3.1 术语 ………………………………………………………………………………… 31

    3.2 全球就业趋势 ……………………………………………………………………… 32

    3.3 水依赖型工作 ……………………………………………………………………… 36

    3.4 农业-粮食行业的水和就业 ……………………………………………………… 37

        3.4.1 水、粮食和就业 ………………………………………………………… 38

        3.4.2 水投资和农业-粮食行业的就业 ……………………………………… 40

    3.5 水和能源部门的工作 ……………………………………………………………… 41

    3.6 水和工业部门的工作 ……………………………………………………………… 44

4 水行业的就业 ………………………………………………………………………… 47

    4.1 水行业的工作 ……………………………………………………………………… 49

    4.2 人力资源需求 ……………………………………………………………………… 49

5 水、就业和可持续发展 ……………………………………………………………… 51

    5.1 获得安全的饮用水及卫生设施是人权 …………………………………………… 53

5.2 获得体面工作的人权 ……………………………………………… 53

5.3 在绿色经济中创造就业机会 ……………………………………… 54

5.4 水、就业和可持续发展目标 ……………………………………… 55

5.5 跨越性别的鸿沟 …………………………………………………… 57

    5.5.1 寻找性别鸿沟 …………………………………………………… 57

    5.5.2 应对和机会 ……………………………………………………… 58

6 非洲 ……………………………………………………………………… 61

6.1 非洲水资源面临的挑战 …………………………………………… 63

6.2 水、就业和经济 …………………………………………………… 63

6.3 依赖水的行业的就业情况 ………………………………………… 64

    6.3.1 农业 ……………………………………………………………… 64

    6.3.2 渔业 ……………………………………………………………… 65

    6.3.3 制造业和工业 …………………………………………………… 66

6.4 预期的未来发展 …………………………………………………… 66

6.5 非洲水政策框架及对就业的影响 ………………………………… 67

7 阿拉伯地区 ……………………………………………………………… 69

7.1 背景 ………………………………………………………………… 71

7.2 水行业的就业机会 ………………………………………………… 71

7.3 水依赖型工作机会 ………………………………………………… 71

7.4 为体面的工作和健康的劳动力提供的清洁水源 ………………… 72

7.5 为与水相关的更好的工作提供教育 ……………………………… 72

8 亚太地区 ………………………………………………………………… 75

8.1 通过改善水利基础设施解决水和卫生设施的差距 ……………… 77

8.2 提高用水效率,促进经济增长 …………………………………… 78

8.3 超越部门转型,揭示短期、中期和长期的价值和效益 ………… 79

9 欧洲与北美 ……………………………………………………………… 81

9.1 水服务领域及依赖水的经济行业的就业状况 …………………… 83

9.2 水资源监测领域的就业 …………………………………………… 84

9.3 某些新增就业机会的领域 ………………………………………… 84

10 拉丁美洲和加勒比地区 ……………………………………………… 85

11 对水进行投资就是对就业进行投资 ………………………………… 89

12 解决能力提升需求,加强对话 ……………………………………… 93

12.1 不断变化的能力需求 ……………………………………………… 95

12.2 解决能力提升需求的方法 ………………………………………… 95

12.3 水行业内外能力建设的国家战略 ………………………………… 97

13 提高用水效率和水生产率 …………………………………………… 99

13.1 提高农村地区的用水效率和水生产率 …………………………… 101

13.2 提高城市地区的用水效率和水生产率 …………………………… 104

13.3 提高工业用水效率 ………………………………………………… 105

14 就业对水、环境卫生和个人卫生事业的支撑 ·················· 107

14.1 提高普及率的金融机制和体制机制 ·················· 109

14.2 坚持"以人为本"的理念，加快普及水、环境卫生和个人卫生服务 ·················· 110

15 水源多样化的机会 ·················· 113

15.1 替代性水源 ·················· 115

15.2 废水是一种资源 ·················· 115

16 科技创新 ·················· 119

17 监测、评估和报告 ·················· 125

17.1 面临的挑战 ·················· 127

17.2 迎来的机遇 ·················· 128

18 政策应对措施 ·················· 129

18.1 确保水资源和生态系统的可持续性 ·················· 131

18.2 建设、运行和维护水利基础设施 ·················· 131

18.3 规划、构建和管理从业者的能力 ·················· 132

18.4 增加知识储备，推动创新 ·················· 132

18.5 结论 ·················· 132

参考文献 ·················· 134

缩写和缩略语 ·················· 149

照片来源 ·················· 152

摘　要

印度尼西亚日惹附近的农民在种植水稻
照片来源：© Alexander Mazurkevich / Shutterstock.com

水对国家和地区经济发展至关重要，各个行业新增和维持就业都离不开水。全球一半的劳动人口都供职于八大高度依赖水和其他自然资源的领域：农业、林业、渔业、能源、资源密集型制造业、回收再利用行业、建筑业和交通运输业。

水资源可持续管理、水利基础设施，以及获得安全、可靠和经济可承受的水与卫生服务可以改善人们的生活，促进地区经济发展，创造更多体面的就业机会，使更多的人融入社会。水资源可持续管理也是实现绿色增长和可持续发展的必要推动力。

反过来，忽视水问题会对经济、生计和人民造成严重的负面影响，可能产生惨重的、代价极度昂贵的损失。对水资源和其他自然资源进行不可持续的管理会严重损害经济社会，使减贫、创造就业和来之不易的发展成果付之东流。

通过协调政策和投资来处理水-就业纽带关系，是发展中国家和发达国家实现可持续发展的首要任务。

水行业的就业

水领域的工作主要涵盖 3 个方面：①水资源管理，包括水资源综合管理以及生态系统修复和补偿；②修建、运行和维护水利基础设施；③提供与水相关的服务，包括供水、卫生和污水处理。

以上工作是农业（包括渔业和水产业）、能源和工业等行业提供大量与水相关工作的基础。尤其要指出的是，投资安全饮水和卫生服务可以促进经济增长，带来丰厚利润。在家庭和工作场所提供安全、可靠的饮用水和卫生服务，同时个人养成良好的卫生习惯，是培养一支健康、受过良好教育和高产的员工队伍的关键。

一些辅助性的工作也确保了与水相关行业中的就业机会，这些行业包括公共管理部门里的管理机构、基础设施投融资、房地产、批发和零售行业，以及建筑业。

水行业工作和辅助工作共同为无数组织、机构、行业和系统的运行、开展活动和创造就业机会等营造了良好的环境，提供了必要的支持。政府通过对节水、水处理和供水等投资后产生的就业机会进行预估，可以据此制定投资和就业政策，增加所有行业的就业岗位，改善就业环境。

水、经济和就业

若不能为高度依赖水资源的行业保障足够、可靠的供水，将会导致就业机会的减少甚至消失（即没有水就没有工作）。洪水、干旱和涉水风险不仅会对受灾地区造成直接影响，更会对经济和就业造成负面影响。

除了农业和工业，其他高度依赖水资源的行业还包括林业、内陆渔业和水产业、矿业和资源开采业、供水和卫生服务，以及大部分类型的发电行业。同时，健康护理、旅游和生态环境管理等行业也有与水紧密相关的工作。本报告分析认为，超过 14 亿份工作或世界上 42% 的活跃劳动力都高度依赖水。

报告进一步指出，12 亿份工作或世界上 36% 的活跃劳动力一定程度上依赖水。这些行业开展大部分活动时不需要大量水资源，但水仍是价值链中的关键环节。这种类型的行业包括建筑、旅游和交通运输。

总体来说，全球劳动力或世界上 78% 的工作依赖水资源。

农业-粮食行业

水量不足或不稳定会影响农业-粮食行业的就业质量和数量。这会限制农业产量，使收入稳定性降低，令最贫困家庭遭受惨痛损失。因拥有的财产和社会福利保障有限，他们往往无法应对风险。此外，农业保障了人类的生活，对最贫困人口而言，还要满足自用需求。农业生产，包括渔业和林业，在生产投入、机械和农业基础设施、农产品转换和送到消费者等环节都会新增就业机会，形成个体经营模式。投资农业往往能提高产量、改善就业质量，但也可能会以减少就业为代价。在这样的情况下，需要推行适当的政策以减少对失业人员的影响。

能源行业

对能源的需求正在增加，发展中国家和新兴国家对电力的需求尤为突出。能源行业的取水量在增加，目前已占全世界取水总量的 15%，直接创造了就业。能源生产对发展必不可少，为各行各业直接或间接地创造了就业。可再生能源行业的发展使绿色的、不依赖水的行业的就业机会得以增加。

工业部门

从全球看，工业提供了大量的体面工作，从事工业的人口占全球劳动力的 1/5。目前，工业和制造业取水量占全球总量的 4%；预计到 2050 年，仅制造业的用水量就将增长 400%。随着工业技术的进步，人们对水在经济增长中的关键作用以及水资源的环境压力的相关认知不断增加，工业领域正采取措施减少单位工业生产的用水量、提高工业用水效率。目前，对水质的关注已进一步加强，尤其是下游环节。工业领域还在进一步加强水资源的回收再利用，改善水质以满足生产需求，谋求实现更清洁的生产，这可能使工业和水处理设备供应商等的相关工作人员（受过更多良好培训的员工）的工资待遇得到进一步提高。

从全球视角看水

自 20 世纪 80 年代以来，全球淡水取水量以年均 1% 的速度增长，主要是满足发展中国家日益增长的需求。在大多数高度发达的国家中，淡水取水量保持稳定或少量减少。

随着城镇化进程的加快和生活水平的提高，全球不断增长的人口对水资源、粮食（尤其是肉类）和能源需求的进一步加大势必使部分行业（比如城市污水处理）的就业机会增加，而其他行业的就业机会减少。

未来数年甚至数十年间，缺水将限制经济增长，减少体面就业的机会。除非如发达国家一样充分地管理基础设施和储存水资源，否则世界各国的水资源可用量将面临巨大差异，部分国家（部分地区）的"缺水问题"将持续下去。同时，水资源的可用量也取决于水质。较差的水质无法满足多种需求，水处理成本可能成为阻碍因素，使经济用水缺乏。

可用水资源的减少将使农业、生态保持、人居、工业和能源生产等行业水的供需矛盾进一步尖锐，影响地区水、能源和粮食安全，并可能影响地缘政治安全，造成不同程度和规模的人口迁徙。此外，水资源的减少对经济活动和就业市场的潜在影响是现实存在的，并可能十分严峻。很多发展中国家就处在缺水热点地区，特别是在非洲、亚洲、拉丁美洲和中东地区。

气候变化将使水资源可利用量减少的严峻形势进一步恶化，并使极端天气情况发生的频率、频次和程度加大。毫无疑问，气候变化将使特定行业的就业机会减少。通过就业政策主动去适应这种现象可能会减少损失。同时，可在减灾和适应气候变化

等领域增加就业机会。

在流域管理中采取基于生态系统的手段，包括对生态系统的经济价值进行评估，是量化生态系统对人类生计和就业带来效益的方式之一。因此，新兴的生态系统服务付费（PES）可以使低收入人群获得创业（就业）机会，在开展生态修复、生态保护的同时增加收入。

对水投资就是对就业投资

对水投资保障了经济增长、创造就业和减少不平等。反之，减少对水管理的投资不仅会造成上述机会的流失，而且可能阻碍经济和就业的增长。

评估水、经济增长和就业的关系格外富有挑战性。但实践已经表明对水投资和国民收入之间存在显著的正相关性，储水量和经济增长之间也是如此。

投资基础设施和水服务可以为经济增长带来高收益，并直接或间接地新增就业。对水投资还可以使生产系统的劳动更加密集或拥有更多劳动力。尤其是绿色发展可以通过绿色就业、劳动密集型的生产方式和生态系统服务付费等方式增加就业机会。

协调水利投资和其他领域的投资，包括农业、能源和工业等领域，非常必要，这有利于实现经济和就业效益最大化。在适当的管理框架下，公共-私营合作将为水行业带来急需的投资，包括修建和运行灌溉、供水、配水和水处理等基础设施。为促进经济增长、减贫和实现环境可持续性，必须要考虑推行诸如水资源综合管理等有益于减少就业机会的流失、促进就业机会增加的相关措施。

区域视角

非洲大陆高失业率和不充分就业的情况很严峻，这促使人口在地区内和向地区外迁徙，因此满足对工作的需求将是非洲未来的政策重点。修建基本的水和电力基础设施，是非洲继续保持过去 10 年令人瞩目的经济增长率的前提。没有这些基础设施，非洲经济将失去发展动力，失去与水相关的工作以及依赖水的工作。

过去几年，随着农业生产力下降、干旱、土地退化和地下水资源的消耗，农村收入随之减少，阿拉伯地区的失业状况进一步恶化。这些趋势推动农村人口向城市迁徙，使得不正规的居住区面积扩大，社会不稳定因素加大。随着缺水问题在阿拉伯

地区日益普遍出现，很多行业的就业情况更加受到水资源的影响。政府必须权衡水资源可持续性和就业目标的实现，而投资于提高用水效率和节水对政府而言是一件政治上受欢迎的事情。

在亚太地区，推动经济增长的大多数行业的大部分生产环节都依赖可靠的水资源供应。经济的进一步发展还需要加大能源供应，这意味着需要更多的水。在该地区，通过增加农业领域的水供应，扩大就业的潜力还很巨大。当然，工业和服务业创造更多与水相关的工作机会的潜力也不小，特别是通过提高用水效率、减少污染和利用废水。

在欧洲和北美，出现了显著影响水管理和水服务行业的就业以及相关资质要求的重要发展：欧盟和北美是自动化、遥感和标准化的推广及应用，泛欧洲东部则是基础设施投资、资源紧缺和国家行政改革。水电和其他可再生能源在增加就业方面还有很多潜力尚待开发。修复、更新和建设不同类别的水利基础设施也可以新增就业。

拉丁美洲和加勒比地区的经济高度依赖资源，包括水的开发和利用，主要是为了满足采矿、农业、生物燃料、林业、渔业和旅游业的需要。这需要政策制定者对该问题保持关注，使水对发展和创造就业的作用最大化，建立强有力、透明和有效的体制和机制来推行水资源综合管理并提供水和卫生服务。这样的做法可以保护公众利益，提高经济效率，并为投资水资源和相关公共服务创造稳定和灵活的环境。

人权、可持续发展和性别

人权、绿色经济、可持续发展和性别是政策制定者应对水与就业纽带关系时需要考虑的众多重要法律和政策框架之一。

获得安全饮用水和卫生的权利是实现其他人权，包括生存权、尊严、获得足够的食物和住房、健康和福祉权利（包括获得健康的就业条件和环境等）的先决条件，也是不可或缺的条件。获得体面的工作是国际认可的人权之一。作为经济、社会和文化诸多权利之一，获得工作的权利在1948年的《世界人权宣言》中是这样表述的："人人有权工作、自由选择职业、享受公正和合适的工作条件并享受免于失业的保障。"（UN，1948）

尽管国际社会广泛认可上述权利，但每年因工作死亡的人数仍达到230万，其中17%是由因工作

感染的疾病造成的。造成这些疾病的主要因素，而且是可以预防的因素，包括劣质饮用水、劣质卫生条件、不良的个人卫生习惯和缺乏相关知识。这些数据要求各国应进一步开展为所有人提供安全饮用水和卫生设施的工作，包括在工作场所。

2015年9月，国际社会通过了可持续发展目标。目标6即为所有人提供水和环境卫生并对其进行可持续管理。目标8提出要促进持久、包容和可持续的经济增长，促进充分的生产性就业和人人获得体面工作。对水和工作相关的考虑在其他可持续发展目标中也得到体现，主要是与贫困相关的目标1和与健康相关的目标3，而它们都是实现可持续发展目标的关键。

不同行业的数据显示，女性就任高层职位可做出突出贡献，定性分析也显示女性参与水资源和水利基础设施的管理可以提高效率、增加收益。尽管如此，女性仍然在工作中广受歧视和不公平待遇。在世界许多地区，女性大多从事被低估的、收入低的工作，并仍然承担大部分无报酬的护理工作。有一系列途径可以提高女性的参与度，并承担与水相关的工作，包括：实施政策和采取手段促进公平，改变工作数据中缺乏性别数据的现状，解决文化隔阂、社会观念和性别刻板印象等问题，扩大获得公共服务的途径，并加大对时间节约型和劳动节约型基础设施的投资。

创新

创新可以持续改善水资源管理，促进经济发展，提供体面工作。除了提高效率、效益和性能，创新还可以增加与水相关的工作数量，并提高工作质量。向绿色经济转型时开展的创新正在改变工作任务和工作环境，这些都是新的技术、工艺和方式的要求。在未来，创新将改变工作的数量和本质，以及相关技能要求等。我们需要推行相关政策，开展相关研究，寻找水创新领域新的就业机会，并确保员工有能力开展和推广与水相关的创新。

提高用水效率和生产率

用水效率和水生产率都可以促进社会经济发展，并在水行业创造就业机会、提供体面工作，缺水情况下更是如此（供水不足会阻碍发展）。新的资源节约型技术以及进一步加强的竞争力和创新能力也会使全球就业发生转型和变化。

政府可以搭建政策框架促进、支持和奖励资源节约和生产率提高，进一步提升竞争力、适应性、安全保障，并创造新的工作机会和增长。通过提高效率和生产率，创新商业化和加强生产全周期的水资源管理，可以大幅减少各部门成本。但是，在合适的尺度下正确理解和权衡水、能源、粮食、生态系统和其他因素，是实现明智管理和全面实现可持续目标的关键。

水源多样化的机遇

水资源需求日渐增长的缺水地区和对水激烈争夺的地区都有对"非常规水源"的需求，诸如低产井和泉、雨水、城市径流、暴雨洪水和污水再利用。通过技术革新、小规模的水资源密集使用，如在小块土地上种植高利润的作物、运行和维护污水处理厂等，新的就业机会将随之产生。

若威胁健康的因素都得到妥善应对，那么废水（经过处理后，水质满足特定的需求）可以被视为新的水源，尤其是在缺水地区。预计 400 万～2 000 万 hm² 土地的灌溉用水是没有得到处理的污水。废水处理不仅为农户家庭，也将为销售农产品的人带来福祉。预计随着废水处理规模的扩大，以及规范化程度的提高，相应的就业机会也会增加。

促进水源多样化将首先在研究层面增加就业机会，随之在运行、监管、维护以及智能系统的微调方面都将新增就业岗位。水资源再利用除了在水、农业、公共卫生领域带来工作机会外，还将在研究、农业推广、生产、市场和生产非农产品方面增加工作岗位。这些新的变化不仅对就业人员的技能提出全新要求，而且将进一步凸显能力建设和职业发展的重要性。

满足能力建设需求，促进对话

雇员的技能、素质和能力对水资源行业、水资源的可持续使用，以及科学和技术创新的适应和发展至关重要。尤其是考虑到这些行业的专业技能所涉及的领域变得更加宽泛，包括水资源管理、建设和管理水利基础设施，以及提供水相关服务等，员工的技能、素质和能力尤显重要。

员工能力的不足和水行业面临的挑战要求雇主设计合适的培训方案、提供创新的学习手段来提高员工素质，加强机构能力。无论是政府部门及其直属单位，还是流域机构和其他企事业团体，包括私营部门，这种需求都是现实存在的。解决以上问题的方法包括：创造政策环境，促进教育部门、雇主（公共、私营和非政府机构）、商会和员工之间的沟通与合作；制定激励措施，吸引和留住员工；加强技术和职业培训；重视农村人口的能力培养。雇主还需要开展新的、横向的技能培训来满足新的需求。

监控、评估和报告

地区和流域层面往往缺少水量、水质和脆弱性等关于水资源的可靠和客观的信息，它们是研究不同经济行业用水和水需求的重要参数。从全球范围看，水观测和监控网络在衰退，并没有得到适当的投资。技术发展和遥感的日益应用有利于缩小差距，但也仅仅只是一定程度上而已。

关于就业，反映现实工作情况的数据非常少，大部分数据倾向于将核心情况简单化（这往往是由目的、衡量方法和概念框架决定的），导致了数据的片面性，缺少细节，对复杂问题的分析不全面。最大的挑战之一就是收集非正规、兼职和无报酬工作的数据和信息。另外一个挑战是研究任一特定工作对水的依赖程度。

对世界投入-产出数据库的数据进行分析，可以了解整个经济是如何依赖水资源供应的，研究当政府增加或改善水资源供应后可以增加多少就业机会，分析水资源供应和相关行业的前后联系，计算增加特定行业的投资后产生的乘数效应。

政策响应

无论国家的发展水平如何，世界各国的水资源管理和就业之间都存在重要的关系和密不可分的联系。水资源可持续管理，以及人人获得安全、可靠的水资源和适当的卫生服务，将使各行各业的就业机会得以增加。

制定和实施支持可持续发展和增加就业的涉水政策的政治意愿非常重要。然而，人们往往认识不到忽视水资源的高风险和严重后果，这其中经常伴随惨痛和昂贵的损失。提高人们尤其是政治家和政策制定者对水、基础设施和服务在经济增长和促进就业方面起到的重要作用的认识，有助于体面工作岗位的增加，实现可持续发展的广泛目标。

实现上述社会目标需要水、能源、粮食、环境、社会和经济政策协调一致，并设定共同的愿景，确保激励措施对所有利益相关者是一致的，而且负面影响已经减少。比如部分行业就业机会减少时，应确保失业人员未来可以再获得工作。在未来，政府和合作单位应制定和实施可持续的、一体的、相互支持的水、就业和经济战略，以应对本报告中强调的水与就业纽带关系中的风险和机遇所带来的挑战。

各国应根据本国资源、潜力和发展重点，确定和制定特定的、协调一致的战略、计划和政策，在不损害水资源和环境可持续性的前提下实现行业平衡，最大程度地创造更多体面和高产的工作。国际社会通过制定水、卫生、体面工作和可持续发展的长期目标，为各国制定发展目标行动框架指明了方向。

为各经济行业分配水资源和提供水事服务将很大程度上决定国家和地区层面高质量工作的增长潜能。将重点放在与环境可持续和创造就业紧密相关的经济行业将是成功的关键。实现这些目标需要水、能源、粮食和环境政策的协调一致，并持共同的愿景，以确保激励手段一致有效地服务于所有利益相关者。

1
简　介

世界水评估计划（WWAP）| 马克·帕坎（Marc Paquin）
凯瑟琳·科斯格罗夫（Catherine Cosgrove）和凯瑟琳·曼彻斯特（Katherine Manchester）参与编写

德国汉堡港用于经济活动的水道
照片来源：© SergiyN / Shutterstock.com

本章阐述了报告的理念，提出了水、就业与各国可持续发展之间的重要关系，强调了关注政治和政策联系的重要性。本章还着重说明了对水和就业进行投资的益处，以及如何避免因不作为而付出巨大代价。

水渗透到地球生命的各个方面。像我们呼吸的空气一样，水维系着人类、动物和植物的生命，并为人类的健康、生计和福祉提供重要服务。水有助于生态系统的可持续发展。

水是人类经济活动的一个重要组成部分，是每个经济领域创造和维持就业的必备因素：第一产业（如农业、畜牧业、内陆渔业、水产养殖、采矿和其他自然资源开采业）、第二产业（如重工业、产品加工、电力和燃料生产业），以及服务业（如旅游业和娱乐业）（UNDP，2006；OECD，2012a）。其中很多产业价值链的一个或多个阶段需要大量用水。

全球劳动力中有一半受雇于八大高度依赖水和自然资源的领域：农业、林业、渔业、能源、资源密集型制造业、回收再利用业、建筑业和交通运输业。仅渔业、农业和林业就有超过10亿劳动力，而农业和林业则包括了一些最易受淡水缺乏威胁的产业（ILO，2013a）。

最广义的可持续性水资源管理，包括生态系统保护与修复、水资源综合管理，以及基础设施建设、运行和维护。在人们获得安全、可靠及价格合理的水和卫生服务的同时，可持续性水资源管理能够创造一种有利的环境，从而创造长期就业机会并在不同的经济行业中实现发展和增长（UN-EMG，2011；ILO，2013a）。

> **在向可持续绿色经济转型的过程中，水的核心作用得到充分认可，这种转型能创造更多的就业机会，增加体面工作的数量，并实现更大程度的社会包容。**

在家庭和工作场所提供充足的水、环境卫生和个人卫生（WASH）条件有利于人口和劳动力的健康和生产，从而带来经济的强劲发展，这在发展中国家的效益成本比高达7∶1（OECD，2011a和2012a）（见第11章）。与之相反的是，那些最难获得水和卫生设施的人难以得到医疗保健和稳定工作的可能性通常是最大的，从而造成贫困的恶性循环（UNEP，2010和2012a）。就这一点而言，城乡居民之间、男性与女性之间以及贫富两极人群之间存在差距（UNICEF/WHO，2015）。

1.1 投资水资源：经济发展和创造就业之路

虽然水、经济发展和就业之间的动态关系错综复杂，并高度取决于特定的自然、文化和经济环境，但是健全的公共治理，加上水资源管理、水基础设施建设和服务方面的公共和私人投资，能够给所有经济行业带来或提供就业机会。其范围包括全职的体面工作[1]和一些相对不稳定的非正式工作——涵盖多种广泛技能（ILO，2013a）。如果采取适当措施，加强对工作环境的管理，这些非正式工作就可以成为体面的工作（ILO，2007a）。此外，如果能对维持或恢复可持续发展的环境做出贡献，这些工作还将支撑经济的绿色转型（ILO，2013b；UNEP/ILO/IOE/ITUC，2008；SIWI/WHO，2005）。相反，缺乏良好治理且未能对水资源进行投资则可能导致经济放缓（ILO，2012，2014a）。

事实上，在向可持续绿色经济转型过程中，水的核心作用得到充分认可，这一转型过程能创造更多就业机会，增加体面工作的数量，并更大程度地实现社会包容（ILO，2013a）。

经济和环境方面的高回报不仅与水、农业和能源的基础设施投资相关，还与这些部门提供的服务相联系（UNEP，2012b）。这包括在各用水行业的就业，如工业、能源、农业、旅游、娱乐、研发（R&D）等行业，直辖市、部委、公共研究和管理组织等各类公共机构以及国际组织的就业（UN-Water，2014）。"尽管证据有限，但与相同或类似行业一些可比较的工作相比，这些职业往往要求的资质更高、工作更安全并且收入更高"（ILO，2013a，第XIV页）。此外，生态效益和进入新的、不断发展的市场，可以带来更高的利润、收入和工资（ILO，2013a）。

支撑生产性用水（如灌溉、水力发电和防洪）

---

[1] "体面工作"指一份能够产生价值并提供公平收入、安全的工作场所和家庭社会保障的工作。其更详细的定义请见3.1节。

的基础设施建设和用于升级、更换或停用现有的工程的投资均可创造就业机会（UN-Water，2014）。

农业灌溉用水占全球取水总量的70%。通过提高水生产力的潜在效率，到2030年，灌溉农业每年可以节省高达1150亿美元的费用（以2011年物价计算）。此外，向约1亿贫困农民提供更高效的水处理技术，则预计可以创造1000亿～2000亿美元的直接总净收益（Dobbs等，2011）。

安全饮用水和卫生设施方面的投资为经济增长奠定了基础。这种投资回报率高：世界卫生组织（WHO）估计，每投资1美元，在不同地区且用不同的技术情况下，可获得3～34美元的收益（WWAP，2009）。根据联合国环境规划署（UNEP）提供的数据，在非洲，投资一些小规模项目来提供安全用水和基础卫生设施，每年整体经济利益回报约为284亿美元，或者国内生产总值（GDP）的5%左右（UNEP，日期不详）。另一项研究发现，在那些改善供水和卫生服务的贫困国家，全年经济增长率达到3.7%，而那些没有改进类似服务的国家，年增长率只有0.1%（WHO，2001）。尽管好处明显，但在世界范围内，仍然有许多地区面临类似基础设施投资不足的问题。

预计未来几十年内，水和卫生服务及其创造的相关就业岗位的市场潜力将十分巨大。仅在孟加拉国、贝宁和柬埔寨，到2025年约有2000万农村人口应获得自来水供应，这一数字是当前数量的10倍，相应的市场价值为9000万美元/年。在卫生设施方面，对孟加拉国、印度尼西亚、秘鲁和坦桑尼亚的研究显示，每年卫生设施服务会带来7亿美元的市场潜力（Sy等，2014）。

1.2 昂贵的现状

我们必须考虑一个十分重要的问题：水行业管理不善或投资不足，会导致经济损失乃至就业岗位流失。因忽略水问题而造成的经济、生计和人口方面的高风险和严重负面影响经常被忽视，这往往会带来灾难性和代价高昂的后果。对水和其他环境资产的不可持续管理会损害经济和社会发展，并且有可能对全球范围内的减贫、创造就业机会和发展成果造成反转（ILO，2013a）。

在政府、企业或家庭预算方面，不作为的代价已经有所凸显。例如，不作为会导致水污染引发的医疗支出增加，渔民或旅游经营者失业救济金增

加，以及沿海地区财产保险费用上升（OECD，2008）。据估计，因农业生产率下降，特别是盐渍化，造成灌区土地退化，在全球范围内造成的损失约为110亿～273亿美元/年（Quadir等，2014；Postel，1999）。从地区角度来看，世界银行估计，水质退化每年给中东和北非国家带来的损失约为其GDP的0.5%～2.5%（世界银行，2007a）。

> **对于经济增长和就业而言，水的可持续管理不仅是关乎资源的可用性和资金的问题，也关系到良好的政策框架和治理。**

社会经济不平等和气候变化的影响加剧了灾害对社会的影响，达到社会难以适应的程度，同时破坏生计、加剧不平等。用水户之间用水竞争的增加可能是水资源遭到破坏的一个原因。未来几十年内，全球水需求预计会大大增加，可用资源的最好情况也只是维持不变。这将会给经济发展带来直接压力，并间接导致社会动荡和生态系统的不健康。减少水资源浪费并在农业、能源及工业领域提高生产率和用水效率将是至关重要的，这同时会降低企业的生产成本并降低对基础设施建设的需求（联合国水计划，2014）。

1992—2014年，"洪水、干旱和暴雨……受灾人数高达42亿（占受灾害影响全部人口的95%），并造成13000亿美元的损失（占全部损失的63%）"（联合国水计划，2014，第9页）。据估计，1997—1998年发生在肯尼亚的洪灾造成的经济损失相当于其GDP的11%，而1998—2000年的干旱造成的经济损失相当于其GDP的16%（联合国水计划，2014）。2005年发生在美国的卡特里娜飓风造成40000个就业岗位流失，其中非洲裔美国妇女的受灾程度最严重；在孟加拉国，气旋锡德（Sidr）摧毁了几十万个小型企业并对567000个就业岗位造成不利影响（ILO，2013a）。在许多国家，旱灾、洪灾和森林砍伐增加了女童和妇女用于取水的无薪时间，减少了她们原本用于教育和赚取收入的时间（ILO，2013a；UNDP，2014）。

另一个越来越值得关注的问题是地下水枯竭。这可能是由于定价机制不准确导致的资源稀缺、取水对环境造成的影响，或者水文状况导致人们难以

可持续、公平地用水。全球约38%的灌区依赖地下水（Siebert等，2013），造成过去50年来用于农业灌溉的地下水开采量增加了10倍。与此同时，近一半世界人口的饮用水来自地下水（Tushaar等，2007）。预计用水需求的增加主要来自制造业、电力行业及生活用水，这会引发水资源的进一步紧张，并可能影响到灌溉用水（OECD，2012a）。

据估计，全球取水量中，有30%由于渗漏损失掉了（Kingdom等，2006；Danilenko等，2014）。鉴于城市化的发展和水需求的上升，对老化的基础设施进行维护和升级，以此提高用水效率并减少渗漏便显得至关重要。一旦采取这些措施，将创造就业机会，其中大部分工作需要熟练技工。

在一些与水相关的极端灾害情况下，水资源管理和发展战略在降低人类及其财物的受灾和脆弱性方面可以起到核心作用（联合国水计划，2014）。通过策划、准备和协调应对来降低与水相关的自然灾害风险是很划算的，特别是将结构性和非结构性洪水管理方法相结合时尤其如此。综上所述，依据基于地区资源工作方案合理制定国家公共就业计划，将创造就业、提高收入、创造资产和恢复自然资源基础等多方面的目标相结合，可以对脆弱的社区起到很大的倍增效应（联合国水计划，2014，第30页）。只有对完整的水循环进行可持续管理才能获得上述经济效益，即自然状况下可利用的水资源发挥各种作用和提供相关服务后，最终回归到自然环境这一过程（OECD，2012a；UN-EMG，2011）。

1.3 水与就业的关系

水应被视为绿色经济发展的基本动力（OECD，2012b）。政府应制定和执行与水相关的政策，以支持可持续发展并创造就业机会，这是至关重要的（ILO，2013a）。要实现这些政策目标，需要拥有共同的设想，尤其是水、能源、粮食和环境相关政策之间，以确保激励政策能平等地涵盖所有利益相关方（OECD，2012b）。研究表明，环境改革造成的所有负面影响（例如在某些产业因升级和失业造成的投资成本增加），都能通过对环境改革补充配套劳动力市场和社会政策进行弥补。改革对就业的总体影响是正面的（ILO，2013a）。

水的可持续管理对经济增长和就业而言不仅是关系资源可用性和资金的问题，也涉及合理的政策

框架和治理，包括建立政治、社会、经济和行政制度，来开发、管理、治理水资源，提供水服务（Rogers和Hall，2003；OECD，2012b）。

水资源及其提供的广泛服务能够支持经济增长、减少贫困并增强环境的可持续性（UNEP，2012a）。《联合国世界水发展报告2015》中指出，"解决与水有关的挑战，需要我们改变评估、管理和利用水资源的方式。社会主体在做决策和作出响应时，应将水考虑进去，这样才能取得进步"（WWAP，2015，第97页）。

为了提高水生产率和水管理而进行的改善治理、技术创新和能力建设，需要进行机构改革，并针对社区和个人开展能力建设，包括数量充足的技术人员和专家（联合国水计划，2014）。缺少合格的劳动力在大多数国家和产业都已经成为绿色经济转型的障碍（ILO，2011a）。在水服务行业尤其如此，如第4章所述。加强水治理需要制定教育、知识和技能培养相协调的计划，要对青年和妇女进行重点关注（联合国水计划，2014）。

此外，还应该强调的一点是，获得水和卫生设施是一项基本人权。因此，各国有义务逐步提供安全饮用水和适当的卫生服务，包括在工作场所。各国还有义务保证国民享有用水权时不受歧视且男女平等。

上述义务的履行可以扫除一些障碍，使女性能够有机会上学、获得相应的教育和培训，并保留自己的职位，这将进一步保障经济体具有熟练技能的人力资源。为家庭、学校和其他培训机构提供清洁、安全和容易获取的水，是一个健康经济体的另一先决条件（OECD，2011a）。因此，无论从经济、环境还是社会角度而言，对水进行投资都是一个稳赚不赔的选择。

在依赖水的工作中，有很大一部分取决于个体积极性和持续投资，并需要可预测的且可靠、安全、高效的水资源管理、基础设施和服务来支持。这需要社区本身以及相关代表做出共同的长期政治承诺及规划。改善水资源管理、水和卫生设施服务以及废水处理是增加就业机会和提高其他相关社会经济效益的先决条件（UNEP，2012b；OECD，2012b）。

支撑充足投资的政策和战略需要广泛调动资金，包括：降低成本以节省开支（通过提高效率或选用更廉价的服务），提高关税、税收和转移支付，

（从市场或公共资源）调动贷款。可能有必要创新监管方法和标准，以保证生态系统服务付费（PES）的实施或确保污染者承担治理污染的费用（UNEP，2010；OECD，2012b）。

水利基础设施和服务的投资仍然主要来自于公共部门，执行水权分配、价格制定、系统维护、提供服务、对基础设施和能力建设投资等重要职能。虽然政府服务私有化往往会降低成本，但对这种改革的相关研究通常不甚完善，研究结果对其褒贬不一。以乌拉圭为例，一项研究表明，水服务私有化对获得卫生服务的影响不大，而随后进行的国有化则增加了贫困家庭获得卫生服务的机会，且改善了水质（Borraz等，2013）。最佳状态很可能高度取决于实际情况，并需要对服务成本、交易成本和政策环境（包括竞争方面）进行仔细分析（Bel等，2008）。

水资源日益匮乏虽然带来了相当大的风险，但某些情况下，这也为私营部门提供了机会，使其对创新用水效率进行投资，从而脱颖而出。预计在未来20年，每年将需要500亿～600亿美元用来提高水生产率以缩小全球范围内供水和水需求之间的差距。私营部门投资可以承担一半的相关费用，所以预计3年内就能产生收益（Boccaletti等，2009）。

世界银行等一些国际机构正在继续倡导政府和社会资本合作（PPP），但同时强调考虑各国关于水价的法律框架和监管风险的重要性（世界银行，2015）。2010年，世界银行对发展中国家PPP情况的研究强调，私人运营商可提高效率和服务质量，而非仅仅被视为融资来源（世界银行，2010）。重要的是，研究发现有些PPP项目会大幅裁员，特别是在拉丁美洲，而这往往是由人员冗余造成的；有些PPP项目则与员工大幅减少无关。私营部门的参与转而能最大限度地将技术和专项技能转换为公用事业部门和用户的利益。

2

全球视野下的水

澳大利亚昆士兰州的三角洲地区
照片来源：© iStock.com / wosabi

本章介绍了全球淡水资源的现状，以及作为外部驱动力的全球水资源在短期和中期应如何开发，特别关注的问题是气候变化和生态系统健康。

2.1 淡水资源现状

WWAP｜理查德·康纳（Richard Connor）
卡伦·弗伦肯（Karen Frenken）（联合国粮农组织，FAO）参与编写

全球的淡水资源通过蒸发、降水和径流的连续循环进行更新，这一过程通常被称为水循环，决定了水资源在时间和空间上的分布和可用性。

定义和衡量缺水和/或用水紧张有不同方式。

就国家缺水情况而言，最广为人知的指标是"年人均可再生水量"，其阈值用于区分不同程度的用水紧张（Falkenmark 和 Widstrand，1992）。当一个地区或国家年人均可再生水量低于 1 700m³ 时，就被视为一般用水紧张。当年人均可再生水量低于 1 000m³ 时，此地区的人口就面临长期缺水；若此值低于 500m³，就被定义为极度缺水。对照这些阈值，每个国家的情况表现出明显差异（见图 2.1）。

图 2.1　2014年人均可再生水资源总量（单位：m³/a）

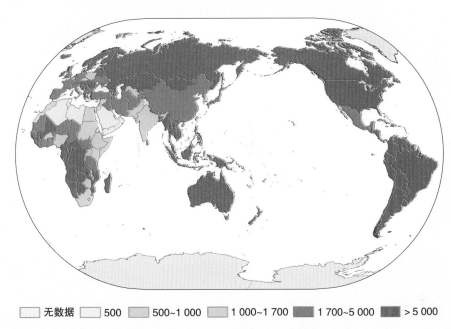

无数据	500	500~1 000	1 000~1 700	1 700~5 000	> 5 000

资料来源：中文版基于FAO（2015a，http://www.fao.org/nr/water/aquastat/maps/TRWR.Cap_eng.pdf）进行了重绘。

这种粗略测量缺水程度的方式主要基于对定量水资源下能够生活得还算可以的人口数量的估算（Falkenmark，1984；FAO，2012）。这种方式虽然有用，但它过度简化了某些国家的水资源现状，忽略了获得水资源时的本地因素以及在不同地区解决方案可行性的差别（FAO，2012）。

当我们试图更好地掌握供需关系时，千年发展目标（MDG）的水指标提出，可以基于农业、市政和工业用水占再生水资源总量的比例，来衡量人类对水资源造成的压力（UNSD，日期不详）（见图2.2）。对现有水资源的使用比率越高，对供给系统的压力就越大，且满足日益增长需求的困难也越大。

以国家为单位统计信息的问题在于，对于一些较大的国家，在境内可用水资源进行平均计算会影响国内差异性的体现；澳大利亚、中国和美国就是

很好的例子。另一个问题是水的跨界性。

图 2.3 所示的以流域为单位进行的分析表明了水资源的跨界性质，也显示了用水紧张程度在较大国家各个区域间存在明显差异。

不同时期的可用水量同样差异显著。全球很多地区经历过数月间可用水量的巨大变化，这导致了雨季和旱季间供需的季节性变化。这种季节性变化及旱季造成的用水紧张，可能被年均可用水量所掩盖。图 2.4 显示了基于对全球各大流域按月研究得到的缺水综合模型的结果，考虑了供需的季节性变化及储水的缓冲作用（Sadoff 等，2015）。

缺水一般由水文变化和人类过度使用造成，这可以通过建设储水设施从一定程度上加以缓解。根据图 2.4，虽然每月的水短缺风险在南亚和中国北方地区最为严重，但季节性缺水的风险明显在各大

图2.2　可再生水资源取水比例

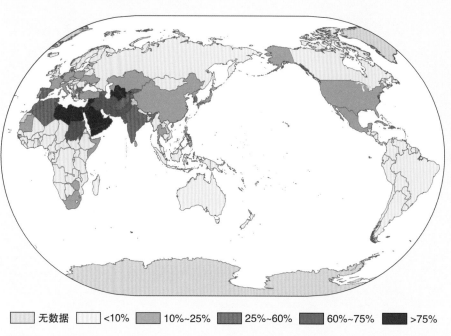

无数据　　<10%　　10%~25%　　25%~60%　　60%~75%　　>75%

资料来源：中文版基于FAO（2015a，http://www.fao.org/nr/water/aquastat/maps/MDG_eng.pdf）进行了重绘。

洲都存在。然而，由于这种分析是以流域为基础的，所以并没有涉及世界上最干旱的地区，如没有河流流经的北非和阿拉伯半岛（Sadoff等，2015）。

　　水循环主要由气候驱动，气候变化会使降水量和蒸发量的变化程度变大，由此将加剧水资源供需在空间和时间上的变化（见2.3节）。

　　上述指数体现自然原因造成的用水紧张和缺水情况。然而，用水紧张程度不高并不能保证人们能随时获得水资源和与水有关的服务。缺水是由多种原因造成的。其中可以从3个方面考虑：①自然型缺水（如上文所述）；②经济型缺水，由于经济或技术限制导致基础设施不足，与水资源状态无关；③体制型缺水，由于没有合适的体制而无法为用户提供可靠、安全和公平的供水（FAO，2012）。图2.5显示了全球自然型缺水和经济型缺水的分布情况。

　　总之，一些流域和国家整年内都能获得相对充裕的降水（见图2.1～图2.3）。然而，在另外一些地区，降雨可能高度集中在特定的雨季，在持续数月的旱季降雨量都很低（见图2.4）。除非有足够的人造和自然基础设施来管理和存储雨季的降水，否则一些地区的干旱情况可能会持续很长时间。这恰恰是图2.5中许多被列为"经济型水短缺"地区的情况。图2.5中的经济型水短缺不仅是由缺乏建设基础设施所需的资金造成的，同时也反映了需要对人和机构进行能力建设和/或建立法律和监管框架，

以确保水资源管理中善政的实施。否则，就会出现上文描述的第三种水短缺类型——体制型水短缺（见第12章和第18章）。

　　可持续性取水并在地表水供水充裕期间进行回补，地下水就可以被存储，在发生旱灾时提供缓冲（WWAP，2012）。然而，这并不适用于化石地下水——一种具有几千年历史、不能自然再生的资源。全球很多地区拥有丰富的地下水资源，但明确的证据表明供应量正在减少。世界上最大的37个含水层中，估计有21个属于严重超采，涉及中国、印度、法国和美国（见图2.6）。全球范围内，地下水开采率每年提高1%～2%（WWAP，2012）。地下水压力最大的地区往往也是地表水压力最严峻的地区。

　　水的可用性也与水质息息相关。质量差的水可能难以适合不同用途，且处理成本往往令人望而却步，从而加重经济型缺水的负担。威立雅和国际食品政策研究所最近的一项研究显示（2015，第3页）："预计在未来的几十年，水质恶化将进一步加剧，这将增加人类健康、经济发展和生态系统面临的风险。"工业生产、采矿、未经处理的城市径流和污水会产生各种化学污染物和致病性的污染物，随着不可持续的城市和工业发展，这些污染物可能会进一步增多。农业化肥的集中使用带来的营养负荷（氮、磷和钾）预计至2050年会一直增多（见图2.7），将

图 2.3　基于取水量与可用水量比的年均水紧张情况（1981—2010年）

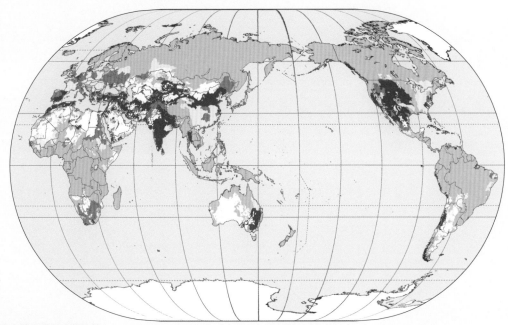

取水量与可用水量比值

■ 0~0.1 (无水紧张情况)　　 0.1~0.2 (轻度水紧张)　　■ 0.2~0.4 (中度水紧张)　　■ 高于0.4 (高度水紧张)　　□ 无数据

注　用水紧张程度的基线可以衡量每年用水总量与可再生供水总量的比例，进而说明上游消耗性用水情况。数值越高表示用户之间竞争
　　越激烈。

资料来源：卡塞尔大学环境系统研究中心（2014年12月使用WaterGAP3模型生成），基于Alcamo等（2007）。中文版地图进行了重绘。

图 2.4　可用水短缺的发生频率指数（基于月数据）

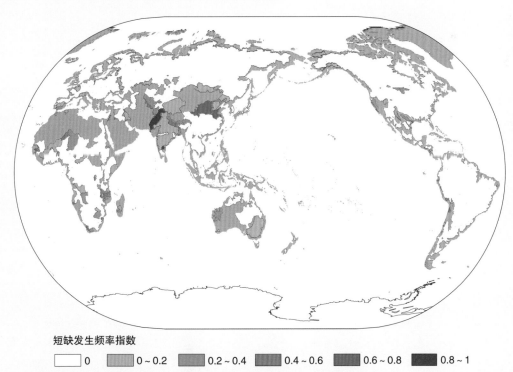

短缺发生频率指数

□ 0　　 0~0.2　　 0.2~0.4　　 0.4~0.6　　 0.6~0.8　　■ 0.8~1

注　本指数表示预计水库水量下降到总库容的20%以下的发生频率，作者认为如果水量低于总库容的20%，则应该采用节水措施。根据
　　每月的分析结果，作者追踪分析河流、地下水和水库的可用水量是否足够支持现有的用水模式。

资料来源：中文版基于Sadoff等（2015，图8，第77页）进行了重绘。

图 2.5　全球自然型和经济型水短缺

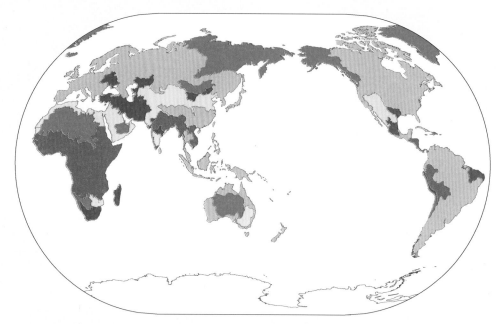

■ 不存在水短缺或几乎没有水短缺① 　□ 自然型水短缺② 　■ 接近自然型水短缺③ 　■ 经济型水短缺④ 　■ 未做评估

① 不存在水短缺或几乎没有水短缺。有相对较丰富的可用水资源，人类取水量不足河流水量的25%。
② 自然型水短缺（水资源开发接近或已超过可持续的极限）。河流水量的75%以上被抽取，用于农业、工业和生活（包括回归水的循环利用）。该定义将可用水量与水需求相联系，意味着干燥地区不一定缺水。
③ 接近自然型水短缺。河流流量的60%以上被抽取。这些流域将在近期遭遇自然型水短缺。
④ 经济型水短缺（虽然自然界中的水可满足人类需求，但人力资本、制度资本或金融资本限制了水的获取）。与用水量相比，水资源相对丰富，人类取水量不足河流水量的25%，但存在营养不良的现象。

资料来源：中文版基于CAWMA（2007，地图2.1，第63页）进行了重绘，经国际水管理研究所（IWMI）授权转载。

图 2.6　基于重力恢复及气候实验*卫星数据的地下水储量异常情况（2003—2013年平均值）（单位：mm/a）

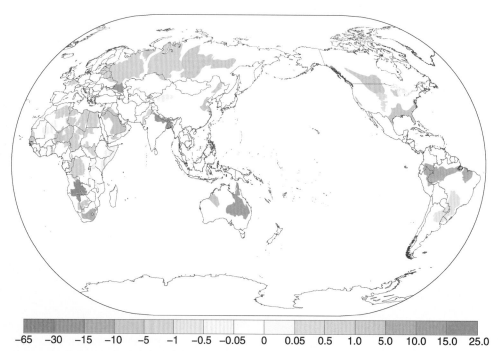

| −65 | −30 | −15 | −10 | −5 | −1 | −0.5 | −0.05 | 0 | 0.05 | 0.5 | 1.0 | 5.0 | 10.0 | 15.0 | 25.0 |

* 美国国家航空航天局的重力恢复及气候实验（GRACE）卫星。
资料来源：Richey等（2015，图6b，第5228页）。

图 2.7　基期内 (2000—2005年) 与2050年主要河流流域水质风险指数对比 (CSIRO*中等程度情景**下的氮指数)

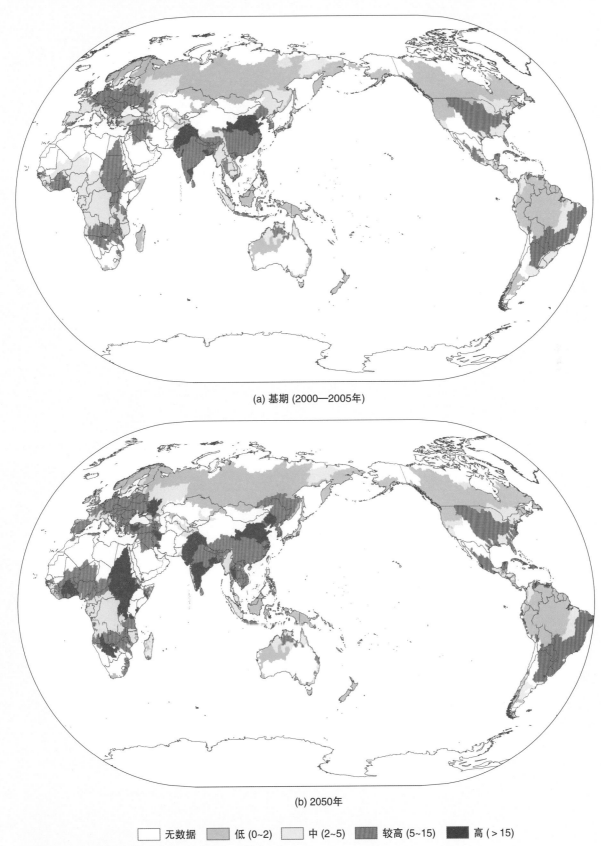

(a) 基期 (2000—2005年)

(b) 2050年

| 无数据 | 低 (0~2) | 中 (2~5) | 较高 (5~15) | 高 (> 15) |

*　联邦科学与工业研究组织。

**　此情况考虑到未来气候会更为干旱（根据CSIRO气候变化模型预测得出）及中等水平的社会经济增长。

资料来源：中文版基于威立雅和国际粮食政策研究所（2015，图3，第9页）进行了重绘。

会加剧淡水和沿海海洋生态系统的富营养化。

据估计，2050 年生活在由于生化需氧量（BOD）过高造成高度水质量风险环境下的人口数量约为全球人口的 1/5，而面临氮和磷过高风险的人口数量将约占全球总人口的 1/3（威立雅和国际粮食政策研究所，2015）。如图 2.7 所示，水质风险预计会在国家和流域层面有所差异。低收入和中等收入国家排放的污染物预计会大量增多，主要是因为这些国家人口较多、经济增长较快，特别是一些非洲国家。考虑到大部分江河流域的跨界性质，区域合作将是应对水质挑战的关键。

2.2 不断增长的压力和需求

WWAP | 理查德·康纳和马克·帕坎
卡伦·弗伦肯（联合国粮农组织，FAO）
和凯瑟琳·科斯格罗夫参与编写

2011—2050 年，世界人口预计将从 70 亿增至 93 亿，增长率为 33%（UN DESA，2011）。同期，粮食需求将增长 60%（Alexandratos 和 Bruinsma，2012）。此外，据预测，居住在城市地区的人口将增加近 1 倍，从 2011 年的 36 亿增加到 2050 年的 63 亿（UN DESA，2011）。

人口数量变化和日渐提高的生活水平正在推动商品和服务的生产和消费不断发展，以满足来自更多更富裕人口不断升级的需求。肉类等水密集型产品的市场需求往往随着经济的发展而增长，从而大大提升农业的用水需求。能源行业也属于水密集型，预计其水需求也将激增。此外，人口增长将会加大应对某些挑战的难度——为更多人提供水和食物并创造足够多的体面工作，而这又取决于经济的发展（UNEP，2011a）。

估计有 6.63 亿人难以随时从改善的水源❶获得饮用水，而缺乏可靠、优质、足量的安全用水的人口数量至少为 18 亿（UNICEF/WHO，2015），且真实数字很有可能远远不止这些。全球超过 1/3 的人口（大约 24 亿人）无法使用改善的卫生设施，其中 10 亿人仍然露天排便（UNICEF/WHO，2015）。

> **不管未来全球范围内，或更重要的，地区性的缺水情况如何严重，水短缺很可能在未来几十年里限制经济增长和创造体面工作的机会。**

不同产业的用水量（取水和耗水）❷ 一般根据估算而非实际测量来确定。这些估算表明，1987—2000 年，全球淡水抽取量的年增长率约为 1%（FAO，2015a）；现有证据表明，过去 15 年增长速度略有放缓（0.6%）。20 世纪的增长率估计约为每年 1.9%（Shiklomanov，1997），最高增长率为每年 2.5%，发生在 1950—1980 年期间。在世界上许多高度发达的国家，淡水抽取量已趋于稳定或略有下降，部分原因是提高了水的利用效率、增加了粮食等水密集型产品的进口。因此，可以推断，目前用水量的增加主要来源于发展中国家。

农业用水约占全球淡水用量的 70%，在大多数最不发达国家（LDC）的比例超过 90%（FAO，2011a）。发达国家农业领域的取水量普遍较少，能源生产和较大型工业较多，分别占全球取水量的 15% 和 5%。家庭（饮用水、卫生设施、个人卫生、清洁等）、机构（如学校和医院）、大多数中小型工业、市政系统的取水占全球淡水取水量剩余的 10%（WWAP，2012）❸。

如果不采取措施提高效率，到 2050 年，全球农业耗水量预计将增长 20%（WWAP，2012）。生活和工业用水需求也将增加，尤其是在处于经济快速增长的城市和国家。能源行业的水需求，特别是发电的水需求，也将显著增长（WWAP，2014）。这是因为 2010—2035 年，能源需求预计将增长 1/3 多，其中 90% 发生在非经济合作与发展组织（经合组织）国家（IEA，2012a）。

---

❶ "改善的水源"的定义：在该水源地，人类用水与动物用水及粪便污染相隔离。然而，来自"改善的水源"的水未必不含细菌或其他污染物，也不一定安全。

❷ 取水指出于任何目的从湖泊、河流或含水层抽取的水量。耗水是取水后在运输、蒸发、吸收或化学转化过程中损耗的水量，或由于人类使用而不能用于其他目的的水量。

❸ 各行业用水详情见 WWAP（2012）。

经合组织 2012 年全球环境展望的基准情景（OECD，2012a）❶ 预测，2000—2050 年，淡水供应将面临持续增长的压力，额外的 23 亿人（超过全球人口的 40%）预计将生活在严重缺水的地区，尤其是在北美、南非、南亚和中亚。如图 2.8 所示，预计全球水需求（淡水取水）将增长 55%，原因是来自制造业（400%）、热力发电（140%）和家庭（130%）不断增长的需求。另一份报告预测，"一切照旧"（business-as-usual，BAU）的情况下，到 2030 年，全球缺水比例将达 40%（2030 WRG，

2009）。如本章 2.1 节所述，一些国家和流域已经处于严重缺水状态。

经合组织预测，未来全球用于灌溉的取水将会减少。但联合国粮农组织（FAO）预计，2008—2050 年，灌溉取水将增长 5.5%（FAO，2011a）。虽然经合组织和联合国粮农组织的预测并非一定是矛盾的——假设提高灌溉效率后，田间作物耗水比例也随之提高，但他们的预测确实凸显了在定量预测全球用水需求和相关用水紧张时面临的挑战。

图 2.8　2000年和基准情景下2050年全球需水量（淡水取水量）情况

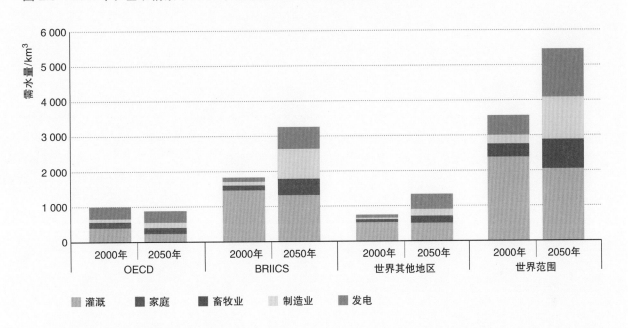

注　BRIICS——巴西、俄罗斯、印度、印度尼西亚、中国、南非，OECD——经合组织。图中数字仅计算对"蓝水"（译者注：自然状态下的地表水和地下水）的需求，未考虑雨养农业。

资料来源：经合组织（2012a，图5.4，第217页）。

尽管提高了建模和计算能力，但鉴于未来生物物理、气候、经济和社会政治条件的不确定性，很难对水需求的未来增长和因此带来的水短缺进行定量预测（WWAP，2012）。对于快速发展的行业尤为如此，如工业和能源产业，以及那些季度或年度水量变化较大的小国。Amarasinghe 和 Smakhtin

（2014）编写的《13 项水需求预测》认为，当前家庭人均用水量已经超过了 21 世纪初在 BAU 情景下 2025 年的预测值。

不管未来全球，或更重要的地区性的缺水情况如何严重，水短缺很可能在未来几十年限制经济增长和创造体面工作的机会。

---

❶　经合组织的基准情景是一种"一切照旧"的情景，假设水需求呈线性增长趋势，并且没有影响这些增长趋势的新政策出现。

2.3 气候变化和极端事件

UNESCO-IHP、WMO 和 IAHS│沃特·伯伊塔尔特（Wouter Buytaert）、阿尼尔·米什拉（Anil Mishra）、西格弗里德·德穆特（Siegfried Demuth）和布兰卡·希门尼斯·西斯内罗斯（Blanca Jiménez-Cisneros）（UNESCO-IHP），布鲁斯·斯图尔特（Bruce Stewart）和克劳迪奥·卡波尼（Claudio Caponi）（WMO），克里斯托夫·屈德内克（Christophe Cudennec）（IAHS）

气候变化加剧了可用水资源面临的多种威胁，并可能增大极端天气事件的发生频率、强度和严重程度。科学家们一致认为，气候变化会改变水流流态、恶化水质、改变降水和可用水量的空间和时间模式（IPCC，2014）。此外，政府间气候变化专门委员会（IPCC）第五次评估指出，全球气温每升高1℃，将有7%左右的人口损失至少20%的可再生水资源（Döll 等，2014；Schewe 等，2014）。这将使全球面临缺水风险的人口比例越来越高。尽管这些变化的地理环境充满变数和不确定性，目前处于干旱和半干旱状态的地区预计将最容易遭受旱情加剧风险的威胁。

干旱的亚热带地区最容易发生可再生地表水和地下水资源的显著减少。在当地，随着人口数量的增加，目前处于用水紧张或超采状况下的水文地貌情况正在变得更加容易受到干旱的攻击，如沿海平原、三角洲、岛屿或高海拔地区。

可用水减少将加剧用水户之间的竞争，涉及农业、生态系统维护、居民区、工业（包括旅游业）和能源生产。这将影响区域水资源、能源和粮食安全，及潜在的地缘安全。已被确定为易受逐年加剧的用水紧张威胁的地区包括地中海地区、南美洲部分地区、澳大利亚西部、中国和撒哈拉以南非洲地区。

历史证据表明，洪水的强度和频率变化是由人为因素导致的气候变化引起的。此外，预计未来洪涝灾害将加剧，特别是在南亚、东南亚和东北亚，以及非洲的热带地区和南美洲部分地区。迅速增长的人口不得不面临更多挑战，且变得越来越脆弱。这将进一步加剧社会经济损失。

气候变化对经济活动和就业市场的潜在影响可能是严重的。虽然减缓和适应气候变化正在形成独特的产业，但是气候变化的影响将不可避免地导致某些行业就业岗位的损失。通过就业政策这种主动方式来适应气候变化能抵消部分损失。这些机会的充分利用需要灵活的基础设施方案、加强劳动力的流动性，以及各个层面的能力建设和培训，特别是在最不发达国家。

世界上许多发展中经济体处于面临与水相关压力的热点地区，特别是在非洲、亚洲和中东地区。在世界范围内，不安全的水每年给灌溉行业带来的损失约为 940 亿美元，给全球经济带来的损失达 5 000 亿美元（Sadoff 等，2015）。加上环境影响，这个数字可能高达全球 GDP 的 1%（Sadoff 等，2015）。2013 年，全球洪灾损失总额超过 500 亿美元，并且正在上升（Guha-Sapir 等，2014）。气候变化的影响，预计会通过裁员方式导致全球经济产业出现大量失业现象，并可能在 2020 年造成就业岗位减少 2%（Jochem 等，2009）。

施泰尔严重的洪涝灾害（奥地利）
照片来源：© Lisa S./Shutterstock.com

到目前为止，最脆弱的经济行业是农业，这是全球范围内劳动力数量最大的行业，仍在推动着许多新兴经济体的发展。在全球范围内，气候变化对小麦、玉米和水稻等主要农作物的生长条件的影响，主要是负面的（IPCC，2014）。尽管局部可能出现气候变化带来的积极影响，但许多新兴经济体的小农户却缺乏灵活地应对这些机会所必需的能力。此外，水资源承受的压力越来越大，可能会阻碍为适应气候变化做出的努力，这些努力依赖于增加灌溉量或至少维持当前的灌溉水平。在这些地区，未能适应气候变化可能对当地就业造成严重后果，并对贸易和人口迁移带来潜在后续影响。

许多供水系统水量损失严重且效率低下。即使在发达国家，供水系统中的水损失率也可能会高于30%，伦敦为25%（Thames London，2014），挪威为32%（Statistics Norway，2015）。城市供水系统容易发生渗漏和溢出，而灌溉往往以技术落后、效率低下的方法为主，如淹灌和沟灌。然而，短期和中期的适应性活动可以在基础设施产业创造就业岗位。因此，适应性政策应该着眼于调动财政资源，加快改善基础设施的设计和开发。防洪方案的构建和升级是必不可少的，以保护最弱势的群体以及防止经济、社会和文化资产面临危险。在某些情况下，可能有必要考虑进行额外的集水存储，以应对强度和频率不断增大的干旱。

从长远来看，气候变化将影响许多地区的生物地理学特性和农业生产潜力。这些变化将不可避免地发生在其他多种压力并存的情况下，如土地利用变化、环境恶化和经济发展。适应这些相互依存的变化需要科学、工程、经济学和社会学方面知识和技能的并用。但由于这些变化固有的不确定性，因此也有必要采取弹性的、"无遗憾的"策略。这就需要从硬性的、基于基础设施的解决方案转变成更智能的、适应性强的解决方案，包括绿色和多用途的基础设施。

例如，屋顶绿化、湿地、景观特征和智能管理水闸可以增加缓冲和存储容量，提高社会效益以及水资源和风险管理的适应能力。这些解决方案的设计和实施将创造就业机会，并为需要持续和主动操作的系统提供后续的就业机会。智能监测和控制系统将指导此类结构的操作和维护。这些系统的研发、实施和运营也会极大地创造就业机会。即使在目前，据估计，在英国所有的工作岗位中，有5%左右属于"绿色空间"行业（包括公园、自然保护区、植物园/动物园、景观服务和建筑服务）（Gore等，2013）。

有了新颖的基础设施设计，我们有必要为监测、预测、预警和风险评估及管理而开发、建立和运行新系统。建立早期预警系统会加强防范并支持做出响应，并能在无法避免影响的情况下进行恢复。改进的风险评估策略，如开发基于天气指数的农业保险产品（IFAD/WFP，2011），有利于更好地减轻损失，优化供应链弹性和循环经济。特别是，《仙台减轻灾害风险框架（2015—2030）》呼吁联合国相关机构加强现有的全球机制并实施新的机制，以提高人们的认识，加深其对与水有关的灾害

风险及其对社会的影响的认识，并提出减轻灾害风险的策略（UNISDR，2015）。这将改变水资源的管理方式，特别是高强度的水旱灾害达到创纪录的极端情况下。还需要采取预防性措施，减轻灾害风险带来的伤害，降低灾难袭来时的脆弱性，增强应对灾害的社会弹性。

2.4 生态系统健康

UNEP｜埃里克·华（Eric Hoa）和
柏盖·拉米扎纳（Birguy Lamizana）

生态系统的健康依赖于环境流量，它能确保可持续和公平地分配并获取水资源及相关生态系统服务。水生生态系统中蕴藏着生计和经济机会。水流的质量、数量和时间对于维持水生生态系统的功能、过程和恢复能力至关重要。一个特别的实例是其服务直接依赖于地下水系统的生态系统。

20世纪90年代以来，拉丁美洲、非洲和亚洲几乎所有的河流都遭受了不断恶化的水污染。主要的原因是向淡水水体（河流和湖泊）中排放的未经处理的废水负荷增大，以及不可持续的土地利用方式会加重侵蚀并导致富营养化和泥沙沉积。这种趋势由人口增长、城市化和小规模工业和农业结构的增长所驱动，这些经济结构往往管理不善，并产生废水。2010年，大约6%～10%的拉美河段、7%～15%的非洲河段以及11%～17%的亚洲河段受到严重的有机污染（每月河流生化需氧量浓度大于8mg/L）（UNEP，即将出版）。

直接受有机物污染影响的人群包括主要通过淡水鱼摄取蛋白质的农村贫困人口和以淡水渔业为生的低收入渔民和工人。在发展中国家，内陆捕捞确实是民生的重要来源，为2100万渔民提供生计（FAO，2014a），并在捕捞后的处理过程和其他相关活动中提供3850万个工作岗位（世界银行，2012）。大多数活动发生在小型捕渔业，其中超过一半的劳动力是女性。

虽然拉丁美洲、非洲和亚洲的水质污染严重并在持续恶化，但同样也存在着扭转趋势的良机。这需要采取行动减轻进一步污染，恢复退化的生态系统（采取植树造林等恢复措施），并采取综合性的方法进行废水管理。这包括传统和非传统的废水处理方案，并要考虑到废水再利用（例如用于灌溉和水产养殖）时要遵循健康保障要求（WHO，2006）。为了了解全球水质面临的挑战的强度和范

围、为维持生态系统健康实施合理的矫正措施，对水质开展监测和评估也是必不可少的。

对于淡水水体，水流流态是生态系统服务的一个重要决定因素。基流可以维持河流漫滩的地下水位，保持土壤湿度，而大洪水可以给漫滩的含水层补水。因此，至关重要的是，在水资源管理计划中，一定量的水或环境需水（EWR）要用于维护淡水生态系统功能并为人们提供服务。全球范围内，使淡水水体维持良好状况的环境需水量约占流域内河流平均年流量的 20%～50%（Boelee，2011）。

在全球范围内，有将环境流量纳入决策和流域管理计划的明显趋势。这已经在国际公约中有所涉及，如《拉姆萨尔公约》或《联合国水道公约》（2014 年生效），以及《欧盟水框架指令》等一些区域框架，还有一些国家的水政策，如南非的国家水法（Forslund 等，2009）。

> **随着对淡水资源竞争的加剧以及气候变化影响资源的可用性，在满足社会经济基础需求的同时保持生态系统的完整性及环境的可持续性将越来越难。**

采用基于生态系统的方法进行流域管理，包括对生态系统服务进行经济评价，是认识（和量化）生态系统服务为生计和就业带来益处的一种方式。特别是在发展中国家，生态系统是可持续增长所面临挑战的一部分，应在制定政策和作出决策时加以考虑，以确保利益的公平分配，并有助于扶贫。在这方面，生态系统服务付费计划带来的新兴市场可能会为低收入人群提供机会，进行新型创业（及提供相关工作岗位），从而随着恢复/保护措施的实施实现收入的增加。

2.5　面临的挑战

WWAP｜马克·帕坎

凯瑟琳·科斯格罗夫和露西拉·米内利（Lucilla Minelli）参与编写

考虑到水资源在任何地区都是有限的，如何平衡用水需求将是未来几十年不可避免的严峻挑战。

随着对淡水资源竞争的加剧以及气候变化影响资源的可用性，在满足社会经济基础需求的同时保持生态系统的完整性及环境的可持续性将越来越难（UNEP，2011b）。在这种情况下，需要一种系统的方法来应对多层次的治理挑战（OECD，2011b）。

其中一个挑战是要确保与水（和卫生）有关的决策与一个国家的人权义务相一致。正如第 5 章中提到的，各国需要在其可用资源的最大范围内，逐步采取一切合理的措施，充分实现这些权利。各国还需要逐步提升安全饮用水和适当的卫生服务，包括在工作场所，以预防、治疗和控制与水相关的疾病。此外，各国必须保证水权的享有不受性别歧视的影响（UN，2003）。在此背景下，决策者必须优先考虑在安全饮用水和卫生方面实现人权，保证来自其他用途的用水竞争不会阻碍实现此权利。

第二个挑战是确保生态系统及其水成分的可持续性。为了保证一段时间内持续向人类和经济发展提供充足的水，当务之急是地方决策者对供水的生态系统的需求进行评估，并根据需要采取行动以保护、可持续管理生态系统并在必要时基于现有知识和数据对生态系统进行恢复（WWAP，2012；拉姆萨尔公约秘书处，2010）。关键决策涉及足量的水分配，以确保生态系统的可持续发展（Forslund 等，2009）。这些必要的选择力求最大限度地利用健康和可持续的生态系统所提供的社会经济机会，降低脆弱水资源的相关风险。对生态系统进行适当管理还有助于支持生态系统的恢复能力以及依赖于生态系统的其他相关恢复能力，以应对干旱、极端天气事件和气候变化等造成的压力（WWAP，2012）。多种概念、方法和工具，如水资源综合管理和生态系统服务评价，都可以在这方面提供支持。

如果合理地保护和管理生态系统、按照国际法律优先保护人类获得安全饮用水和卫生设施及其他依赖于水的人权可以确保水资源的可持续性，那么，其他挑战也可以得以应对。这需要向互相竞争的社会经济需求（如饮用水和卫生设施、农业、能源生产、工业）分配剩余的水资源，同时要与该地区或国家的社会和经济发展的重点和战略相协调（Speed 等，2013）。

鉴于生态系统可能无法提供足够的水来维持所有依赖于它的经济活动（尤其是在增长的情况下），决策者需要与利益相关者共同对互相竞争的需求进行平衡。各个经济行业（和这些行业的所有水用户）都将接受水量分配的政策决定，其活动也应据此开展。例如，在水的可用性方面，部分地区将倾斜于某些经济行业（如能源生产和城市需求），而其他地区将支持不同行业（如农业）。决定向一个行业分配更多的水可能对其他行业的绩效甚至是生存能力产生巨大影响，并因此在创收和就业方面产生影响（SIWI/WHO，2005）。综上所述，在 8 个关键行业（农业、林业、渔业、能源、资源密集型制造业、循环利用、建筑和运输）进行绿色经济转型，协助其采用更环保和更高效的做法，将带来显著的好处（ILO，2012；UNEP，2011c）。

最后，政策制定者需要面临另一个挑战，进行权衡取舍，以抵消上述水源分配决策可能产生的负面影响。这种权衡的实例包括过渡性援助机制、提供适当的补偿和进行水调整。谨记，价值链参与者可能会被任何由于水分配的减少而导致的经济下滑所影响（Speed 等，2013；OECD，2012a）。

水权的决策过程也提供了机会，可以探索如何最大限度地提高水分配选择方案的益处。水可以引导传统经济向更环保的经济类型转变。通过减少污染和废弃物，提高水、能源和材料的使用效率，会在大多数情况下为总体就业情况带来一点积极的改变（UNEP/ILO/IOE/ITUC，2008）。

如果不能应对这些并发的挑战，我们将会在许多方面付出高昂的代价：由于缺乏水安全，公众健康和恢复能力受到损害，从而导致生态系统和生态系统服务退化、不可持续的经济发展、社会动荡和人口迁移现象（见专栏 2.1）（OECD，2008；Lant，2004）。

专栏 2.1　用水紧张、人口迁移和就业

气候变化、水紧张和环境恶化正在影响着世界各地的大量人口，并对国际和平、人类安全和福祉构成重大威胁。缺水、粮食不安全、社会不稳定和潜在暴力冲突之间有着明显的联系。这反过来又会在世界各地触发并加强人口迁移。亚洲、非洲和中东的许多国家以及小岛屿发展中国家正在经历大范围的人口迁移，并因气候变化不良影响和政治动荡而加剧。一些研究估计，到 2050 年，荒漠化、海平面上升和极端天气事件增多等可能导致 1.5 亿～2 亿人流离失所（Scheffran 等，2012）。然而，环境的驱动仅是部分原因。治理不善、政治不稳定、经济和文化问题共同造成这种错综复杂的现象。

水紧张不但会增加人口迁移风险，而且当迁移的人口对接收国的水资源带来额外压力时，水紧张就变成了人口迁移的一种结果。就业也受到双重影响：高失业率和社会动荡都会造成人口迁移，这反过来又会使受灾国家缺少重建家园的活跃劳动力。另外，对就业或补贴的不断增长的需求成为接收国的一个重大挑战，需完善既定政策或立法，以应对这些压力，解决"环境移民"的需求和权利❶。

孟加拉国的案例体现了水、人口迁移、就业三者的关系：人们普遍贫困，海平面上升将该国大部分地区的良田变成了盐碱地，大面积洪涝灾害持续发生，并且日益严重，导致大量人口失去土地。孟加拉国约 61% 的人口处于劳动年龄（15～64 岁）。然而，在正规劳动力市场工作的人们往往每周仅工作几个小时，工资也较低。这一情况导致孟加拉国人受经济驱动进行跨国迁移。即使这些临时的人口流动❷能为孟加拉国的经济做出积极贡献，但该国的人口迁移流动本身存在一系列的问题（MPI，2011）。事实上，人口迁移接收国的经济、社会结构和生态系统的压力会加重，这需要依靠接收国的弹性政策来解决。

---

❶　国际移民组织（IOM，2007，第 1～2 页）将"环境移民"定义为"由于环境的突然改变或逐渐改变对生活或居住条件产生了不利影响，个人或群体有必要被迫或主动离开自己的惯常居住地，暂时或永久地来到国内其他地方或国外居住"。

❷　接收国允许工人在法律规定的限定期限内工作。

旨在减轻"缺水有关的压力和人口迁移有害影响的政策响应能带来许多机会，可以加强社区的抗灾能力并维护应对方案"（Dow 等，2005，第 25 页）。这些政策响应可能包括：促进"制定和实施气候适应和减缓战略"的绿色就业机会，改善并获得供水服务，为妇女赋权和教育做出更大努力，更公平的土地所有权制度（对土地/水的争夺），对现代化的水资源评估和监测进行投资，提高认识以减少灾害风险，保护文化遗产和传统文化，审查人口迁移和难民方面的现行国际法律和条约，基于更公平的水资源分配和资源回收方法的城市地区发展，以及其他的针对具体地区和具体情况的做法。研究和政策应该超越缺水和人口迁移的双向关系，"可持续发展必须考虑到当地居民的生计和社会结构的复杂性，以此理解和管理水短缺"（Dow 等，2005，第 26 页）。

供稿人：露西拉·米内利（WWAP）。

3

经济、就业和水

在（印度）桑珀尔盐湖收集盐
照片来源：© Iryna Rasko / Shutterstock.com

　　本章对报告所使用专业术语进行了定义，并分析了全球的就业趋势，进而阐释水资源对经济、保障就业的重要作用，特别是在农业—粮食、能源及工业领域。

3.1 术语

WWAP | 马克·帕坎和理查德·康纳
ILO | 卡洛斯·卡里翁-克雷斯波
（Carlos Carrion-Crespo）

在本报告中，当讨论一般性工作和与水相关的工作时，有必要对一些词汇进行定义。

工作指个人的一系列任务，可通过单个企业、农场、社区、家庭或其他生产单位交付劳动，包括自我雇佣[ICLS，2013，第12（b）段]。工作可以是正式的或非正式的。**正式工作**在法律和实践中，受国家劳动法、所得税、社会保障或某些就业福利（提前通知解聘、遣散费，带薪年假或病假等）所约束或保护。相反，**非正式工作**在法律和实践中，并不受国家劳动法、所得税、社会保障或某些就业福利的约束或保护（ILO，2003a）。

直接工作机会来自对任何给定的经济行业的投资（如新建成的污水处理厂创造的工作岗位）。当对一个行业的投资引发在该领域供应商和经销商工作岗位的增加时，即创造了**间接工作机会**（例如，化工厂中生产新建成的污水处理厂所需产品的工作岗位）。直接和间接工作的雇员会萌生因工作或生活的花费需求（刺激消费），因此将创造一批**衍生工作机会**（ILO，2013c；IFC，2013）。**与发展相关的工作**指通过改善基础设施等产生的宏观效益创造的工作岗位，如增加供水有利于扩大生产，会促进经济增长及就业（IFC，2013）（见图3.1）。

绿色工作指有助于保持或恢复环境的体面工作。传统的制造业和建筑业以及新兴的能源再生和节能等绿色行业中均有此类工作（ILO，2013b）。

劳动指任何人进行商品生产或为自己/他人提供服务而进行的任何活动，不论其形式或合法性（ICLS，2013，第6段）。劳动可以分为两大类：**有偿劳动**和**无偿劳动**。有偿劳动指为其他人劳动，以换取报酬或利润。而无偿劳动是指出于以下目的而进行的生产劳动：个人用途、无偿实习、志愿者劳动、囚犯无薪劳动、无薪兵役或替代役（ICLS，2013，第28～39段）。

根据国际劳工组织（ILO）的定义（2007b，第4页），"体面工作代表了人们工作生活中的愿望。它涉及的劳动机会具有生产力，并能提供公平收入、安全的工作场所，为家庭提供社会保障。体面工作让个人更好地发展和融入社会、自由表达其关切的内容、组织和参与影响其生活的决策。这需要为所有男性和女性提供公平的机会和待遇。"

就业人口被定义为所有处于工作年龄的人，在较短的基准期内为薪酬或利润而从事任何进行商品生产或提供服务的活动。包括：①上班中的被雇佣的人员，即从事某项工作至少1小时；②由于暂时离岗或工作安排（如轮班工作、弹性工作时间和加班补休）而未处于工作状态的被雇佣人员（ICLS，2013，第27段）。

当受雇佣人员未能达到国际劳工大会1964年通过的《就业政策公约》中规定的充分就业水平时，就出现不充分就业的情况。根据此公约，充分就业能确保：①让所有有意愿劳动和寻找劳动机会的人可以劳动；②该劳动尽可能高效；③劳动者有选择就业的自由，且每个劳动者有机会获得与工作相关的最适合岗位需要的必要技能，并能结合已掌握的其他资格一同运用在该工作中。不能满足上述第①项，就会出现失业状况；不满足第②或第③项，主要会出现不充分就业状况（ILO，1964）。

在本报告中提到"工作"时，会涉及以下几个与水相关的分类。

水行业的就业（或水行业内的工作）指在水行业中的直接就业机会，主要涵盖3个方面：①水资源管理，包括水资源综合管理和生态系统修复和补偿；②建设和管理水利基础设施；③提供与水有关的服务，其中包括供水、污水处理、废弃物处理和污染防治活动（UN DESA，2008）。

水依赖型工作是指重度和中度依赖水的经济行业中的直接工作岗位。重度依赖水的经济行业的活动和/或生产过程中需要大量的水来作为主要和必

图3.1 直接工作、间接工作、衍生工作和与发展相关的工作

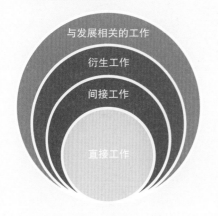

资料来源：IFC（2013，图6.1，第64页）（©World Bank，CC BY 3.0 IGO许可协议）。

要的投入。如果难以获得充足和可靠的供水，这些行业将会出现就业机会减少或消失（即无水无工作）。中度依赖水的经济行业在工作中不需要大量水资源，但对这些行业的产业链而言，水是一个必要的组成部分。

辅助型水相关工作，向组织、机构、行业或系统的活动或运行提供与水相关的有利环境和必要支持。这包括：法律专家和政策专家、工程师、规划师、金融家和水文学家。

最后，**与水有关的工作**指基本内容与水有关系的任何工作。这些主要包括水行业内的工作及辅助型水相关工作。

> **在大多数发展中国家，农业是主要就业行业。目前，撒哈拉以南非洲地区 60% 的就业机会是农业提供的，其中 1/2 的农业劳动力为女性。**

3.2 全球就业趋势
WWAP｜理查德·康纳
劳伦斯·辉（Laurens Thuy）参与编写

国际劳工组织的就业统计数据表明，全球活跃劳动力（即有偿工作）从 1991 年的 23 亿增长到了 2014 年的 32 亿（见表 3.1），而同期全球人口由 54 亿增长至 72 亿（UN DESA，2001，2015）。工业和服务业的就业人数增长最多，同期，农业部门（农业、林业和渔业）的就业人数略有下降（见图 3.2）。男性与女性的就业比率在过去 25 年中保持稳定，女性占全球活跃劳动力的 40%（见表 3.2）。

农业从业人数从 2000 年的超过 10 亿人（农业从业人数占活跃劳动力的 40%）下降到 2014 年的 9.3 亿人，略低于全球活跃劳动力总数的 30%。该趋势几乎不分性别地出现在所有地区，并与区域和全球人口的增长脱钩。这一趋势中值得注意的例外是撒哈拉以南非洲地区，这里的男性及女性农业就业人数有显著上升（见图 3.3）。全球范围内，2014 年，大约 5.2 亿男性和 4.1 亿女性从事农业劳动（占所有就业女性人数的 1/3）。农业是大多数发展中国家的主要就业行业，目前占撒哈拉以南非洲地区就业人数的 60%，其中女性占该行业劳动力的一半。

近几年来，工业领域就业人数急剧增长，2000—2014 年，从 10 亿人增至 14 亿人，略低于全球活跃劳动力总数的 45%。以南亚和东亚为首（见图 3.4），这一增长出现在发达经济体外的所有地区（见图 3.5）。男性占全球工业劳动力的 70%。

> **水依赖型工作是指重度和中度依赖水的经济行业中的直接工作岗位。**

图 3.2 按行业和性别划分的世界就业情况

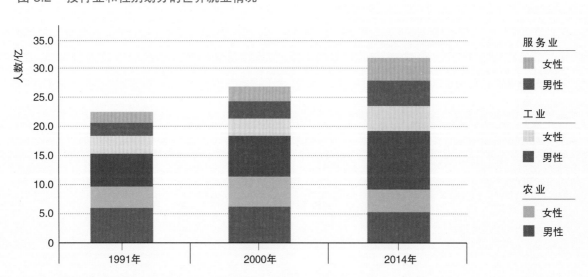

资料来源：WWAP，基于《世界就业情况社会展望支撑数据：2015 年趋势》（ILO，2015a）。

表 3.1　　全世界和各地区的不同行业、不同性别就业情况（按人数计）

单位：×10⁶ 人

男性和女性

男性和女性	服务业					工业					农业				
	1991年	2000年	2013年	2014年	2019年*	1991年	2000年	2013年	2014年	2019年*	1991年	2000年	2013年	2014年	2019年*
全世界	420.7	545.4	814.3	836.3	953.5	870.8	1 009.5	1 399.9	1 425.3	1 540.1	966.8	1 057.9	932.3	929.3	894.8
发达经济体和欧盟国家	167.7	206.1	245.0	248.6	261.5	221.1	217.6	213.4	215.3	216.0	28.7	24.5	16.7	16.6	15.3
中部和东南部欧洲（非欧盟国家）和独联体国家	40.8	42.2	56.3	56.7	58.7	73.5	68.4	82.7	83.1	82.7	32.7	35.1	26.8	26.6	25.0
东亚	46.8	72.2	145.9	152.3	180.6	269.4	315.2	478.8	486.4	510.8	355.8	361.9	203.6	194.0	150.3
东南亚和太平洋地区	24.1	35.9	64.0	66.5	81.4	59.2	86.1	126.3	128.9	144.7	112.6	120.3	117.0	116.9	109.1
南亚	46.6	58.3	90.7	94.2	117.4	113.1	148.0	240.9	248.0	289.8	259.7	302.2	299.4	300.7	294.7
拉丁美洲和加勒比地区	50.3	70.3	107.3	109.2	121.8	74.3	94.5	129.6	131.1	141.9	41.9	43.2	42.0	42.5	42.6
中东和北非	18.8	26.2	43.0	44.0	50.6	26.5	35.4	59.9	61.3	68.7	20.8	24.1	27.5	27.9	29.3
撒哈拉以南非洲地区	25.6	34.3	62.2	64.9	81.5	33.6	44.2	68.3	71.1	85.5	114.7	146.5	199.5	204.1	228.5

男性

男性	服务业					工业					农业				
	1991年	2000年	2013年	2014年	2019年*	1991年	2000年	2013年	2014年	2019年*	1991年	2000年	2013年	2014年	2019年*
全世界	220.8	275.9	412.3	425.1	498.9	570.1	691.8	969.7	987.4	1 068.4	580.6	606.9	521.4	518.4	488.0
发达经济体和欧盟国家	74.0	88.9	101.5	103.1	109.0	148.4	147.7	146.4	147.9	149.9	17.6	15.2	10.9	10.9	10.1
中部和东南部欧洲（非欧盟国家）和独联体国家	16.9	18.0	23.9	23.9	24.6	46.3	43.3	54.4	54.7	54.5	17.3	19.1	12.9	12.9	12.8
东亚	26.6	34.6	74.0	78.4	100.5	143.6	195.2	302.6	306.9	320.2	200.8	183.0	87.3	81.3	52.9
东南亚和太平洋地区	13.0	18.9	32.0	32.7	39.6	37.2	54.9	81.3	83.1	92.6	62.7	66.1	63.0	63.3	60.2
南亚	34.1	43.1	67.0	69.6	86.7	95.6	126.4	202.1	208.0	241.3	172.6	196.1	195.5	195.3	185.8
拉丁美洲和加勒比地区	24.1	30.8	44.5	45.3	51.0	54.3	66.5	88.2	89.2	96.7	32.1	32.5	31.8	32.1	32.2
中东和北非	15.0	19.9	30.9	31.6	36.3	24.0	32.0	54.8	56.1	62.9	16.6	24.1	20.0	20.4	21.0
撒哈拉以南非洲地区	17.0	21.8	38.6	40.3	51.1	20.6	25.8	39.9	41.6	50.3	60.9	76.2	100.0	102.1	112.9

女性

女性	服务业					工业					农业				
	1991年	2000年	2013年	2014年	2019年*	1991年	2000年	2013年	2014年	2019年*	1991年	2000年	2013年	2014年	2019年*
全世界	200.0	269.5	402.0	411.3	454.6	300.7	317.6	430.2	437.8	471.7	386.2	451.0	411.0	410.9	406.8
发达经济体和欧盟国家	93.7	117.2	143.5	145.5	152.4	72.7	69.9	67.0	67.4	66.1	11.0	9.2	5.7	5.7	5.2
中部和东南部欧洲（非欧盟国家）和独联体国家	23.9	24.2	32.4	32.8	34.0	27.2	25.1	28.3	28.4	28.2	15.4	16.0	13.9	13.7	12.1
东亚	20.2	37.6	71.9	73.8	80.1	125.8	120.0	176.2	179.5	190.6	155.0	178.9	116.3	112.7	97.4
东南亚和太平洋地区	11.1	17.1	32.0	33.8	41.9	22.0	31.1	45.0	45.8	52.1	49.9	54.3	54.1	53.6	48.9
南亚	12.5	15.2	23.7	24.6	30.6	17.5	21.6	38.8	40.1	48.5	87.2	106.1	103.9	105.4	108.8
拉丁美洲和加勒比地区	26.2	39.5	62.8	63.9	70.8	20.0	28.0	41.3	41.8	45.1	9.7	10.8	10.2	10.3	10.4
中东和北非	3.8	6.3	12.1	12.4	14.3	2.6	3.4	5.1	5.2	5.8	4.2	5.5	7.4	7.6	8.3
撒哈拉以南非洲地区	8.6	12.5	23.7	24.6	30.4	13.0	18.5	28.4	29.6	35.2	53.8	70.3	99.5	102.0	115.6

资料来源：WWAP，基于《世界就业情况社会展望支撑数据：2015 年趋势》（ILO，2015a）。

* 预测值。

表 3.2

全世界和各地区的不同行业、不同性别就业情况（按百分比计）

单位：%

男性和女性	农业					工业					服务业				
	1991年	2000年	2013年	2014年	2019年*	1991年	2000年	2013年	2014年	2019年*	1991年	2000年	2013年	2014年	2019年*
全世界	42.8	40.5	29.6	29.1	26.4	38.5	38.7	44.4	44.7	45.5	18.7	20.9	25.8	26.3	28.2
发达经济体和欧盟国家	6.9	5.5	3.5	3.5	3.1	52.9	48.6	45.0	44.9	43.7	40.2	46.0	51.6	51.7	53.1
中部和东南部欧洲（非欧盟国家）和独联体国家	22.3	24.1	16.1	16.0	15.0	50.0	46.8	49.8	50.0	49.7	27.6	28.9	34.1	33.9	35.3
东亚	52.9	48.3	24.6	23.3	17.9	40.0	42.0	57.7	58.4	60.6	7.1	9.6	17.6	18.2	21.6
东南亚和太平洋地区	57.5	49.7	38.1	37.4	32.5	30.2	35.6	41.1	41.2	43.3	12.2	14.8	20.8	21.4	24.3
南亚	61.9	59.4	47.4	46.8	42.0	26.9	29.1	38.2	38.6	41.4	11.1	11.5	14.4	14.6	16.9
拉丁美洲和加勒比地区	25.1	20.8	15.1	15.0	13.9	44.7	45.4	46.5	46.4	46.3	30.2	33.8	38.4	38.7	39.9
中东和北非	31.4	28.1	21.1	21.0	19.7	40.0	41.3	45.9	46.1	46.3	28.5	30.6	32.9	33.0	34.0
撒哈拉以南非洲地区	65.9	65.1	60.4	60.0	57.8	19.3	19.7	20.8	20.9	21.7	14.8	15.2	18.8	19.1	20.6

男性	农业					工业					服务业				
	1991年	2000年	2013年	2014年	2019年*	1991年	2000年	2013年	2014年	2019年*	1991年	2000年	2013年	2014年	2019年*
全世界	42.3	38.5	27.4	26.8	23.7	41.5	44.0	50.9	51.1	52.1	16.0	17.5	21.8	22.0	24.3
发达经济体和欧盟国家	7.4	6.1	4.2	4.2	3.7	61.9	58.6	56.6	56.5	55.7	30.8	35.4	39.3	39.4	40.6
中部和东南部欧洲（非欧盟国家）和独联体国家	21.5	23.8	14.1	14.1	14.0	57.4	53.9	59.8	59.8	59.2	21.0	22.3	26.2	26.2	26.8
东亚	54.1	44.3	18.8	17.4	11.2	38.8	47.1	65.3	65.7	67.6	7.2	8.4	15.9	16.7	21.2
东南亚和太平洋地区	55.5	47.2	35.7	35.4	31.3	32.9	39.2	46.1	46.4	48.1	11.5	13.5	18.1	18.4	20.6
南亚	57.1	53.6	42.1	41.3	36.2	31.6	34.6	43.5	44.0	47.0	11.4	11.7	14.3	14.7	16.8
拉丁美洲和加勒比地区	29.1	25.0	19.3	19.3	17.9	49.2	51.3	53.6	53.4	53.8	21.7	23.8	26.9	27.2	28.4
中东和北非	29.9	28.1	19.0	18.9	17.5	43.0	45.4	51.8	51.8	52.4	27.1	28.3	29.4	29.3	30.1
撒哈拉以南非洲地区	61.8	61.6	56.0	55.5	52.7	21.1	20.8	22.3	22.6	23.5	17.2	17.6	21.6	21.9	23.8

女性	农业					工业					服务业				
	1991年	2000年	2013年	2014年	2019年*	1991年	2000年	2013年	2014年	2019年*	1991年	2000年	2013年	2014年	2019年*
全世界	43.5	43.4	33.1	32.6	30.5	34.0	30.5	34.5	34.8	35.4	22.7	26.0	32.4	32.6	34.1
发达经济体和欧盟国家	6.2	4.7	2.6	2.6	2.3	41.0	35.6	31.0	30.9	29.5	52.8	59.6	66.4	66.6	68.2
中部和东南部欧洲（非欧盟国家）和独联体国家	23.2	24.5	18.6	18.3	16.3	40.9	38.5	38.0	37.8	37.9	36.0	37.1	43.6	43.8	45.8
东亚	51.5	53.2	31.9	30.8	26.5	41.6	35.6	48.4	49.0	51.8	6.6	11.2	19.7	20.2	21.7
东南亚和太平洋地区	60.2	53.0	41.3	40.2	34.2	26.5	30.4	34.3	34.5	36.5	13.5	16.8	24.4	25.2	29.3
南亚	74.4	74.3	62.4	62.0	57.9	15.0	15.2	23.4	23.6	25.8	10.7	10.7	14.2	14.5	16.2
拉丁美洲和加勒比地区	17.4	13.8	8.9	8.9	8.2	35.6	35.7	36.2	36.1	35.7	46.9	50.5	54.9	55.0	56.0
中东和北非	39.5	35.9	30.3	30.0	29.1	24.4	22.6	20.7	20.8	20.4	36.0	41.6	49.1	49.3	50.5
撒哈拉以南非洲地区	71.3	69.4	65.6	65.3	63.8	17.3	18.2	18.8	18.9	19.4	11.2	12.4	15.6	15.8	16.7

* 预测值。

资料来源：WWAP，基于《世界就业情况社会展望支撑数据：2015年趋势》(ILO, 2015a)。

2000—2014 年，服务业就业人数增长了 50%，从 5.45 亿到超过 8.35 亿，略高于全球活跃劳动力总数的 25%。在全球范围内，女性占服务业劳动力的一半多（见图 3.2）。各地区比例不同：在拉美和加勒比地区及发达经济体（见图 3.5），妇女占劳动力总数的近 60%；而在南亚、中东和北非，服务业劳动力中的女性不足 30%。

图 3.3、图 3.4 和图 3.5 同样说明，按行业划分就业情况可以反映一个地区的经济发展水平。在撒哈拉以南非洲地区的欠发达国家（见图 3.3），农业是迄今为止主要的就业行业，就业人数增长也超过其他行业。东亚地区几个国家正处于经济转型期，因此，2001—2014 年，农业的就业人数显著下降，工业成为就业的主要领域（见图 3.4）。经济高度发达的国家，1991—2014 年的就业人数相对稳定，服务业人数有所增加，农业人数仍停留在相对边缘状态（见图 3.5）。

正如本章下一节所介绍的，不同经济行业对水的依赖性不同。对于重度依赖水资源的行业，如农业，缺水可能会对创造和保持体面工作造成一系列风险。相比之下，服务业一般对水的依赖较小。因此，这些行业的工作岗位不容易被缺水带来的风险所影响。

图 3.3　按行业和性别划分的撒哈拉以南非洲地区就业情况

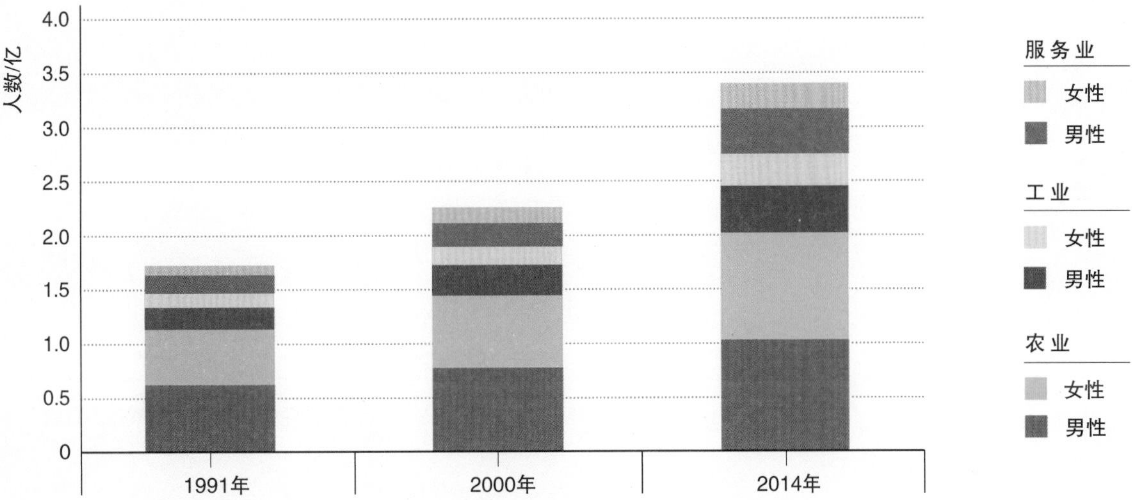

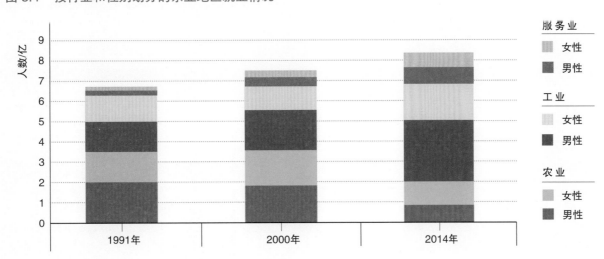

资料来源：WWAP，基于《世界就业情况社会展望支撑数据：2015年趋势》（ILO，2015a）。

图 3.4　按行业和性别划分的东亚地区就业情况

资料来源：WWAP，基于《世界就业情况社会展望支撑数据：2015年趋势》（ILO，2015a）。

图 3.5　按行业和性别划分的发达经济体和欧盟国家就业情况

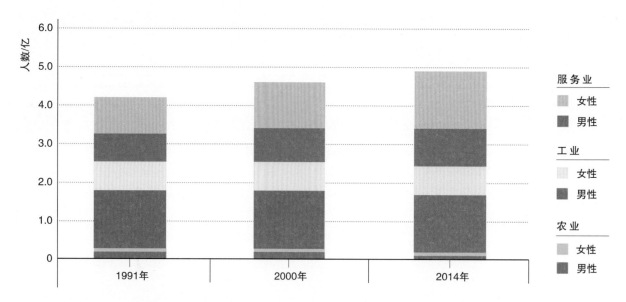

资料来源：WWAP，基于《世界就业情况社会展望支撑数据：2015年趋势》（ILO，2015a）。

3.3　水依赖型工作

WWAP｜理查德·康纳和马克·帕坎
ILO｜卡洛斯·卡里翁-克雷斯波

水，从被抽取到返回到环境中，以及该过程中发挥的不同用途，对于直接或间接地创造和支撑各种工作是必不可少的。富有成效和体面的工作对可持续发展可以作出重要贡献。

水行业的就业（将在第 4 章中论述）包括不同领域的工作，如水资源管理、基础设施、供水和污水处理工作。正因如此，这些工作是各种依赖水的行业及其创造的工作岗位的基础。

水依赖型工作（相对于水相关工作）包括经济行业中重度或中度依赖水资源的工作。

重度依赖水的行业在活动和/或生产过程中需要大量水资源作为主要和必要投入。如果未能获得充足及可靠的供水的支持，这些行业的就业机会将减少或消失。水依赖型工作覆盖农业、林业、内陆渔业和水产养殖业、采矿和资源开采业、供水和卫生设施行业、大多数类型的发电行业，以及制造业和转型行业，如食品、药品和纺织品行业。其他重度依赖水的行业包括医疗保健、旅游和生态系统管理。因此，据估计，95％的农业领域的工作岗位、30％的工业领域的工作岗位以及10％的服务业领域的工作岗位属于重度水依赖型。将此标准运用至表3.1和表3.2中的数据，结果显示，13.5亿个工作

岗位（占全球活跃劳动力的 42％）可能属于重度水依赖型（2014 年估算值）。

挖掘污泥
照片来源：© Milos Muller/Shutterstock.com

中度依赖水的行业在完成其大部分活动时不需要大量水资源，但水仍然是其价值链的某一个（或多个）阶段的必要组成部分。根据工作所涉及的任务和所需投入水量的不同，以及是否确保可以获得足够可靠的供水，不同工作和行业的涉水风险有所不同。中度依赖水的行业包括建筑、娱乐、运输（不包括很大程度上依赖于水的内河航运）和制造/转型行业，如木材、纸张、橡胶/塑料和金属，以及几种特定类型的教育工作。因此，据估计，5％的农业领域的工作岗位、60％的工业领域的工作岗位和30％的服务业领域的工作岗位属于中度水依赖型。

将此标准运用至表 3.1 和表 3.2 的数据，结果显示，可能有 11.5 亿个工作岗位（占全球活跃劳动力的 36%）属于中度水依赖型（2014 年估算值）。

这意味着，大体上 78% 的全球劳动力的工作岗位都与水有关。

然而，各个分支产业里的工作对水的依赖程度不同。可用水量或为了降低用水量和污染而做的努力，将不可避免地对某些工作造成更大的影响。例如，一个制造工厂的生产部门将比行政办公室需要更多的水。而另一方面，由于缺水而削减生产部门的工作岗位可能会使行政岗位变得多余。

除了上面提到的与水相关的工作，一些辅助型水相关工作会促成水依赖型工作的产生。包括公共管理部门里的管理机构、基础设施融资、房地产、批发和零售及建筑业的大量岗位。这样的工作为水依赖型组织、机构、行业或系统提供有利环境和必要支持。

通过预估在运输、处理和保护水方面的投资所产生的潜在就业机会，政府可以制定能够在整个经济体系内增加并改善工作岗位的投资方案和就业政策。一种方法是使用输入输出（I-O）分析和社会核算矩阵（SAM）❶，这有助于确定受影响最大的工作岗位、投资需求和充足的就业政策，并确定水如何作为资源投入到不同子行业中。这些工具有助于进一步量化政府增加或改善供水后创造的就业机会。

3.4 农业-粮食行业的水和就业

FAO｜玛丽-奥德·埃旺（Marie-Aude Even）艾莉森达·埃斯特鲁奇、蒂埃里·法松（Thierry Facon）、瓦伦蒂娜·弗兰基（Valentina Franchi）、穆贾德·阿舒里（Moujahed Achouri）、奥尔贾伊·云韦尔（Olcay Ünver）、卡伦·弗伦肯、图里·菲莱恰（Turi Fileccia）、德温·巴特利（Devin Bartley）、萨莉·邦宁（Sally Bunning）、萨莉·马尔贾尼扎德（Sara MarjaniZadeh）和卡里尼·弗鲁安（Karine Frouin）（独立顾问）参与编写奥德蕾·内沃·德维尔马索（Audrey Nepveu De Villemarceau）（IFAD）参与编写

由于粮食生产对于不同人群有着多重含义，因此农业-粮食部门的工作很难被预估，且远不止工作这么简单。只有 20% 的农业从业者有固定收入（世界银行，2005），其余为自营者或全家都在农场工作，全球大概共有 5.7 亿个这样的农场。这些农场中至少有 90% 是家庭农场。在低收入国家，面积在 2hm² 以内的农场占所有农场的 40%，面积在 5hm² 以内的农场约占 70%，这说明了农场对粮食安全做出的重大贡献（FAO，2014b）。在农业国家，农场收入和农业薪资占农村收入的 42%～75%；在转型国家和正在进行城市化的国家（定义见表 3.3），该比例为 27%～48%（世界银行，2007b）。然而，由于粮食生产在支撑生计方面起着广泛作用，特别是对最贫困人群的生计，因此农业的重要性比起其收入份额而言是相对较高的（世界银行，2005），其中一个重要方面是自我消耗。

农场的种类有很多，加上生产系统和包括计酬类农业工作在内的谋生方式的不同，使得农业耕作在工作时长和收入来源中所占的比例也不尽相同（见表 3.3）（世界银行，2007b）。此外，农业往往为劳动力向其他就业部门转移提供安全保障（Davidova 和 Thomson，2013）。在原材料供应、机械设备和农村基础设施、农产品转型和配送到终端消费者方面，生产是进一步就业和自营就业的基础。它频繁出现在咨询和监管服务、政策管理、专业教育、集体组织、农业企业金融、研究和贸易中。在市场经济国家和非市场经济国家，烹饪催生了更多就业机会。此类与食物有关的活动涉及不同的部门，很少一起核算，但是可以使农业就业在总就业中的比重提高一半或更多，特别是在较发达国家（世界银行，2007b），在一些特定地区甚至可以提高 5 倍（Ferris，2000）。

农业部门往往与低收入、贫困、监管不足的工作条件、缺乏社会福利或社会福利很有限以及与童工有关的问题联系在一起（FAO，2014c 和 2015b）。

虽然有时会牺牲就业数量，但通过提高收入和确保更体面的工作可以提高就业质量。因此，需要对农业以外的机会给予相同的关注。对农业-粮食

---

❶ I-O 和 SAM 的区别：I-O 表格是对某生产系统的一种分解，可以描述其内部的相互作用；SAM 进一步描述收入与不同机构单位之间传输流的相互关系。有关这些分析的数据可参见 www.wiod.org。

部门进行投资仍然至关重要，因为相比其他行业，农业增长能将最贫穷的30%人口的收入提高2.5倍（世界银行，2007b），并且是整个价值链中其他行业产生就业岗位的基础。

表3.3　　　　　　　　　　3种不同类型国家中农村居民按谋生方式进行分类

国　家		年份	以务农为主①			以务工为主④	脱离农业⑤	多元化⑥	总计
			面向市场②	自给型③	小计				
			每组所占比例/%						
以农业为主的国家⑦	尼日利亚	2004	11	60	71	14	1	14	100
	马达加斯加	2001	—	—	54	18	2	26	100
	加纳	1998	13	41	54	24	3	19	100
	马拉维	2004	20	14	34	24	3	39	100
	尼泊尔	1996	17	8	25	29	4	42	100
	尼加拉瓜	2001	18	4	21	45	0	33	100
转型国家⑧	越南	1998	38	4	41	18	1	39	100
	巴基斯坦	2001	29	2	31	34	8	28	100
	阿尔巴尼亚	2005	9	10	19	15	10	56	100
	印度尼西亚	2000			16	37	12	36	100
	危地马拉	2000	4	7	11	47	3	39	100
	孟加拉国	2000	4	2	6	40	6	48	100
	巴拿马	2003	1	5	6	50	6	37	100
完成城市化的国家⑨	厄瓜多尔	1998	14	11	25	53	2	19	100
	保加利亚	2001	4	1	5	12	37	46	100

① 以务农为主的农村居民：农业生产带来的收入占总收入的75%以上。
② 以务农为主、面向市场的农村居民：超过50%的农产品在市场销售。
③ 以务农为主的自给型农村居民：小于或等于50%的农产品在市场销售。
④ 以务工为主的农村居民：总收入中超过75%来自工资或非农自营就业。
⑤ 脱离农业的农村居民：总收入中超过75%来自转移性收入或其他非劳动来源。
⑥ 多元化家庭：务农、务工、转移性收入都不超过总收入的75%。
⑦ 以农业为主的国家：农业是经济增长的主要来源，平均占GDP增长的32%，主要原因是农业占GDP的很大一部分，大部分贫困人口生活在农村地区（70%）。
⑧ 转型国家：农业不再是经济增长的主要来源，对GDP增长的平均贡献率仅为7%，但绝大部分（82%）贫困人口仍然生活在农村。
⑨ 完成城市化的国家：农业对经济增长的直接贡献更少，平均为5%，贫困人口主要生活在城市。即使如此，农村地区仍生活着45%的贫困人口，农业、食品业和相关的服务业占GDP的1/3。
资料来源：改编自世界银行［2007b，表3.2，第76页；引用Divis等（2007），© World Bank。https://openknowledge.worldbank.org/handle/10986/5990，CC BY 3.0 IGO许可协议］。

3.4.1　水、粮食和就业

本小节首先探讨了水资源对农业-粮食部门就业状况的影响。然后重点讨论对水投资如何能有助于解决就业难题。

所有粮食的生产和利用都依赖于水（见图3.6）。全球80%的耕地依靠降雨，其生产的粮食超过全球粮食总产量的60%（CAWMA，2007）。灌溉农业占世界耕地面积的20%，其产量约占全球粮食总产量的40%左右。灌溉农业用水占世界总用水量的70%左右，在一些发展中经济体这一比例更高（FAO，2015a和2015c）。据估计，有38%的灌溉土地使用地下水（Siebert等，2013）。畜牧业、食品加工和烹饪同样重度依赖水资源（HLPE，2015）。最后，内陆渔业生产完全依靠自然水源和改良水体（FAO，2014a）。

水资源面临着压力，水资源短缺影响全球约40%的人口（CAWMA，2007），其根本原因与自然条件、经济条件或能力有关（见2.1节）。

此外，农业、工业发展和城市建设使土地和水资源日益退化（FAO，2015b；HLPE，2015），农业领域内部（如农作物和畜牧生产）以及外部（如城市扩张）对土地和水资源的竞争更加激烈。不断增长的粮食需求和气候变化带来的越来越大的压力

图 3.6 水、粮食安全与营养的多重联系

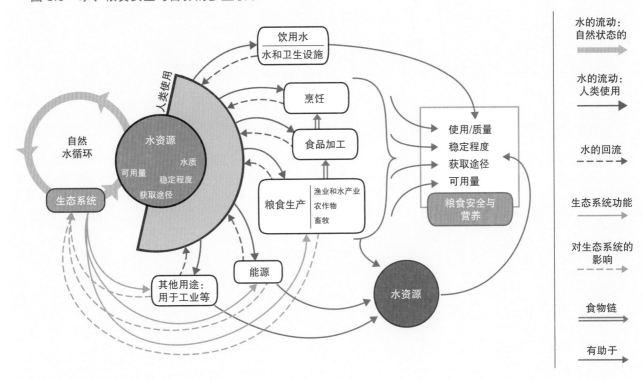

资料来源：HLPE（2015，图1，第27页）。

将加剧这些挑战。国际粮食政策研究所指出，"在正常情况下，到 2050 年，全球 GDP 的 45%、世界人口的 52%、粮食产量的 40% 可能由于缺水而面临风险"（IFPRI，日期不详）。联合国粮农组织认为，处于突出风险中的特定农业生产系统（见图3.7）"被约束到一定程度，其满足当前和未来需求的能力遭到严重威胁"（FAO，2011a）。

缺乏足量和稳定的供水会影响粮食部门的就业质量和数量，而且限制了农业生产力，影响收入的稳定性，对那些资产有限且无应对风险安全保障的最贫困家庭造成了巨大影响（FAO/WWC，2015）。这限制了农村居民积累人力资本和资产的能力，因此难以可持续地脱离贫穷（FAO，2014c；HLPE，2013）。例如，一项针对 30 年间情况的分析表明，在印度，降雨对工资的影响非常明显（世界银行，2007b）。长期干旱造成失业率居高不下，往往还会导致人口迁移，特别是在农业以外的选择很有限的情况下，而由于会消耗自然资源，短期和长期的迁移还会导致社会冲突的发生（IOM，2014）。此外，水资源日益短缺往往与种植季节变短有关，影响了劳动力的需求和供给（HLPE，2013）。在萨赫勒地区国家，80% 的农业人口仅在 3 个月的种植季从事

农业活动（生产性工作）（CILSS，日期不详）。许多依赖季节性洪水和降雨的内陆渔业也受到径流中污染物的影响（FAO，2010a）。

要想提高农业收入并使其保持稳定，需要改善供水且公平地供水（HLPE，2015），以此来加大生产，积累资产，投资生产并获得信贷。这样的良性循环有助于脱离贫困，改善农村的工作环境并创造付酬劳动的机会（FAO，2008），减少因贫困造成的人口迁移。

安全和稳定的供水需要对灌溉系统和旱作系统用水管理产业实践进行长期连续投资。灌溉系统帮助农民一年四季都可以生产，使农业对劳动力的需求增加了 5 倍（FAO，2003）。淡水供给的改善是从加工业、园艺、渔业和畜牧生产中获得收入的基础（FAO，2010b）。对主要旱作系统进行投资可以获得最多的收益，采取的相关措施包括建立雨水集蓄系统、节约用水和进行补充性的小规模灌溉（FAO，2011a）。提高降水利用率和存储率至关重要，往往会创造出劳动密集型的就业机会，并且对旱作系统和灌溉系统都有益处（IFPRI，2002；Rockström 等，2007）。

保证粮食生产安全和满足人类消费需要，以及

图 3.7　主要农业生产系统相关风险概况

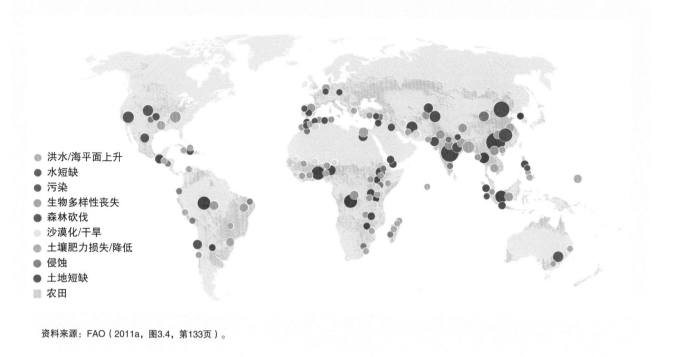

洪水/海平面上升
水短缺
污染
生物多样性丧失
森林砍伐
沙漠化/干旱
土壤肥力损失/降低
侵蚀
土地短缺
农田

资料来源：FAO（2011a，图3.4，第133页）。

保护农民及渔民不受水相关疾病和其他有害健康影响的威胁，需要充足优质的水。在饮用水供给不足的情况下，灌溉沟渠里的水虽然未充分达到标准，也往往直接被饮用和用于烹饪，但会对人类造成直接（健康和生产力问题）和间接（教育、保留工作和就业机会）的影响。确定农业用水的质量、粮食安全和水与卫生之间的联系有助于改善相关部门的规划和投资，以便更好地应对挑战（HLPE，2015）。

3.4.2　水投资和农业-粮食行业的就业

农业投资往往能提高农业生产率，促进就业质量，但会减少就业岗位数量。然而在某些情况下，对劳动力的需求降低反而有助于向更加多元化的经济转型，降低对农业的依赖。然而，这种转型在不同国家和不同情况下发生的速率并不相同（HLPE，2013；Dorin 等，2013）。各国根据自身具体的需求和能力采取不同策略。在非农就业机会有限和人口迁移机会减少的情况下，往往需要格外注意水投资及其对就业（数量和质量），特别是对年轻人和女性的就业，造成潜在的影响。

对水投资对就业的质量和数量有着不同的含义，因此，对水投资可以确保未来的转型更适合国情。投资可能导致生产系统的劳动力密集程度更

高。值得注意的是，绿色发展可以通过绿色岗位（FAO，2014d）、劳动力密集程度更高的做法（UNEP，2015）和向生态系统服务付费等方式来增加就业机会。高价值的生产和包容性的价值链发展模式可以创造额外的价值和就业机会（Pfitzer 和 Ramya，2007）。对农业废弃物进行资源再利用，也可以减少污染，改善卫生条件，创造更多的价值和就业机会（Otoo 和 Drechsel，2015）。

此外，需要更多地关注水干预措施的公平性和社会影响（FAO，2008）。不平等会削弱经济增长，而如果给穷人更公平的资源获取渠道，包括土地和水资源，则可以更好地促进发展，并更有效地减少贫困（世界银行，2005）。向主要小型家庭农户、渔民和加工者提供支持将产生显著收益（世界银行，2007b；FAO，2010a 和 2014b；Belières 等，2014）。这些行业可以通过更好地管理劳动力密集型生产并协助逐渐向农业以外的行业转移劳动力，来吸纳越来越多的农村劳动力（Losch 等，2012）。然而，女性获取自然资源和参与决策的途径比较有限。但是她们约占农业劳动力的一半（FAO，2015a），如果考虑到无酬劳动这个比例会更高；女性还占内陆渔业部门劳动力的 50%（FAO，2014a）。按性别区分的数据有限，家庭活动情况也

不清晰，因此难以衡量女性的整体参与程度，目前处于被低估的状态（世界银行，2007b）（见专栏17.1）。

减少性别不平等有助于加快实施减贫战略（FAO，2011b）。类似的问题涉及青年——农业未来的关键角色。因此，需要特别注意的是，要对土地和水提出干预措施，以便满足具体情况和不同类型粮食生产商的需求，包括最贫困阶层、妇女和青年（见表3.4）的需求（WAW，2014；Even和Sourisseau，2015）。通常还需要采取进一步的干预措施，会涉及土地和水权、获得信贷、拓展、教育、市场和农村基础设施及服务。

表3.4 亚洲地区针对不同类型农户的水干预措施

农户类型	典型的水干预措施	水以外典型的干预措施
大型	灌溉基础设施的现代化和管理，采用可持续的地下水治理机制，灾害风险管理	促进与市场的联系
中型	渠道水和地下水共同使用，对有助于提高水生产力的技术和管理模式进行投资	促进与市场的联系
商业性、小型	采用可持续的地下水治理机制，在以社区为基础的灌溉方案中采用更有效的管理模式	发展创业技能，促进与市场的联系，促进与大型农业企业的联动，改善金融服务的获取途径和质量
自给型、小型	通过中间形式的水控制方式进行雨水管理，获取地下水，使用小规模技术获取、存储和分配水	获得基本服务，农村基础设施，收入多元化，社会安全保障
多样化	为生活用水、家庭花园、家畜、"原子化灌溉"提供多用途的用水服务	农村基础设施，非农业活动的培训和支持
女性农民	授权：参加用水户协会，参与决策过程，发展适合特定需要的灌溉技术	提高农业生产的能力和技能，市场营销，获得小额信贷
无土地	考虑到无土地农民的特殊需求来设计供水服务	开展培训以支持非农业活动

资料来源：FAO（2014d，表4.1，第80页）。

在水资源有限的情况下，各国需要重点关注水的高效利用和分配，以便最大限度地提高其经济、社会和环境效益，就业是其中的一个关键因素。除了检查水和粮食状况之外，需要关注更广泛的地域环境和正在进行的农村转型，并考虑农业之内和之外的就业形势和未来前景，包括人口年龄组成的未来变化。从流域出发能协调各部门用水需求之间的竞争，以及随之而来相互关联的就业影响。例如，排干湿地将其用于农业生产会减少渔业部门的就业人数，农业领域的某些投资可能会对牧民获得自然资源的习惯方式造成负面影响，上游发展灌溉可能会减少下游的可用水量等。因此，水投资和水政策可以成为有关未来农业生产更广泛、跨部门对话的一部分，以满足农民和社会在对农业和粮食体系进行负责任投资的原则下对可持续和包容性发展的愿望（FAO，2014e；CFS，2014）。

撒哈拉以南非洲地区灌溉农业占比最低（灌溉面积仅占耕地总面积的5%，亚洲为40%，世界平均水平为稍高于20%），且只有1/3的灌溉潜能被挖掘出来，因此该地区似乎是水和水产养殖方面投资的重点（FAO/WWC，2015）。该地区普遍贫困，产量差距很大。预计到2025年，将有1.95亿新就业人口进入该地区的农村劳动力市场（世界银行，2011）（见第6章）。我们还需要对其他地区给予特别关注，包括南亚（FAO，2014d）和非洲北部。

3.5 水和能源部门的工作

UNIDO｜联合国工业发展组织工业资源效率促进组和约翰·佩恩（John Payne，约翰·G·佩恩事务所有限公司）

水和能源之间的紧密联系最近备受关注，并有据可查（WWAP，2014）。大多数能源生产，特别是电力，要么非常依赖于冷却水，要么像水力发电那样生产过程中需要水的参与。生物质已经成为日益重要的能量来源，也非常依赖水资源。2010年，能源生产用水量估计占世界用水总量的15%，其中90%用于发电。2010—2035年，发电量预计约增长70%（IEA，2012b）。然而，国际能源署（IEA）表示，这一增幅比取水量增幅更大，在新政策形势下取水量增长预计约为20%，主要是因为可再生能源所占比重的增大。

能源生产部门可以提供直接就业，生产的电力使社会在农业、工业和服务业这些依赖于能源的行业直接或间接创造工作岗位。

> **大多数能源生产，特别是电力生产，要么非常依赖于冷却水，要么像水力发电那样生产过程中需要水的参与。**

国际能源署（IEA）预测，到 2040 年，需要 72 亿 kW 的装机容量用于满足需求及取代老化设施（IEA，2014a）。中国目前几乎不间断地在建设发电厂，恰好印证了这一观点。大量工作机会被带动，涉及工程及承包部门、所有与其相关的供应商和分包商以及设备的操作、维护等工作。

但是，目前普遍缺乏世界范围内的有关能源和电力部门就业情况的详细数据，或者是相关统计数据被包含在其他组别里。一项分析（Rutovitz 等，2015）比较了国际能源机构当前的政策预测（IEA，

2014b）及绿色和平组织为 2030 年全球低碳能源供应提出的"先进能源〔R〕演变情景"（Teske 等，2015）分别预测的就业情况。先进能源〔R〕演变情境假设，2050 年完成去碳化，通过现有的商业技术，从技术和经济上尽可能快地逐步淘汰煤炭、石油、天然气和核能。该情景假设 2030 年可再生能源所占份额为 42％，2040 年为 72％，2050 年达到 100％，包括电力、热力和运输部门。化石燃料（主要是石油）仅用于石油化工、钢铁生产等非能源领域。

本报告考虑了电力生产创造的直接就业岗位，如燃料生产、制造、建设和运营及维护。结果（见表 3.5）表明，国际能源机构的参考情景显示，到 2030 年将减少 100 万个工作岗位。与之形成对比的是，演变情景预测到 2030 年将增长 1 000 万个就业岗位，其中能源领域比参考情景多近 2 000 万个工作岗位，主要区别在于可再生能源行业。

表 3.5   2010—2030 年全世界各能源领域就业情况

	参考情景[*]/百万个			先进能源〔R〕演变情境[**]/百万个		
	2015 年	2020 年	2030 年	2010 年	2020 年	2030 年
煤炭	9.7	9.7	7.6	9.68	4.78	1.96
天然气、石油和柴油	3.5	3.5	4.4	3.51	3.91	3.93
核能	0.7	0.7	0.7	0.71	0.51	0.49
可再生能源	14.5	14.5	14.6	14.48	26.28	39.76
总就业岗位	28.4	29.6	27.3	35.5	45.2	46.1

* IEA（2014b）。

** Teske 等（2015）。

资料来源：改编自 Rutovitz 等（2015）。

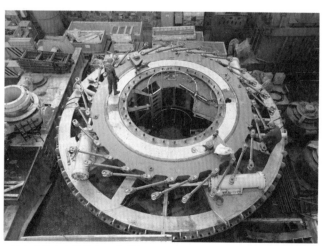

切尔尼的水电机设备（俄罗斯）
照片来源：© Vladimir Salman/Shutterstock.com

国际能源署预测，2012—2040 年，包括水电在内的可再生能源占总发电量的份额将从 21％增加到 33％，占全球发电量增长额的将近一半（IEA，

2014c）。

随着可再生能源的发展，水和工作之间出现了新的动态关系，这是因为利用太阳能光伏（PV）、风能和地热等能源时，基本不使用水，但推动了就业增长。如图 3.8 所示，预测未来利用风能和太阳能光伏发电带来的总体（直接）就业将有稳定增长，且相比利用生物质和常规能源，风能和太阳能光伏每兆瓦的发电能力创造的就业岗位更多。

国际可再生能源机构（IRENA，2015）描绘了一幅更为乐观的图景。据估计，2014 年，全球有 770 万人（直接或间接）在可再生能源行业工作。太阳能光伏发电领域的工作人数最多，为 250 万；其次是液体生物燃料领域，为 180 万。所有类型的可再生能源行业的就业人数都有所增加。各国按可再生能源行业就业人数从高到低的排序为：中国、巴西、美国、印度、德国、印度尼西亚、日本、法

图 3.8　可再生能源行业的就业岗位

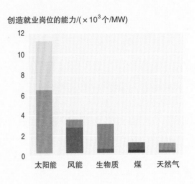

未来的绿色工作　　　　　　　　　　　　　　　　　设施生命周期内的平均就业岗位

资料来源：UNEP/Grid–Arendal（日期不详）。

国、孟加拉国和哥伦比亚。此外，该报告预测，大型水电领域将产生 150 万个（直接）就业岗位，小水电领域将产生 20.9 万个（直接和间接）就业岗位（IRENA，2015）。农村社区附近的小水电站的发展为创造就业和改善生计提供了潜在机会（见专栏 3.1）。

专栏 3.1　农村小水电——清洁能源提供就业机会

卢旺达为减少贫困和实现更大的经济增长所付出的努力因缺乏电力而受到阻碍。联合国工业发展组织（UNIDO）和卢旺达基础设施部（MININFRA）实施了一个项目，通过建设小型水电站，使农村地区获得可负担的现代能源，以推动生产过程中以可再生能源为基础的能源开发。项目选取了四个试点，在设施的建设、运行、维护和管理的整个过程中，UNIDO 促进了当地的技术能力和技能发展。该项目为 2 000 户家庭、小型企业、家庭作坊、学校和医疗中心提供当地生产的清洁能源。卢旺达政府已决定另外建立 17 个微型和小型水电站；如果项目在全国各地进行推广，新建的水电站将很大程度上有助于创造就业机会和减少贫困。

资料来源：转载和改编自 UNIDO（2011）。

图 3.9 显示了基于上述数据的水、（直接）工作和能源（电力）之间的关系（Rutovitz 等，2015；IEA，2012b 和 2014b）。能源行业的工作岗

图 3.9　水、直接工作和电力

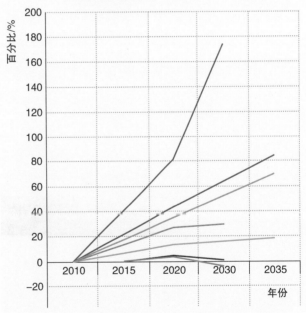

资料来源：作者根据 Rutovitz 等（2015）、IEA（2012b 和 2014b）。

位将向可再生能源领域倾斜，能源生产将稳步增长，取水量将增长较缓并将趋于平稳，这再次反映了可再生能源对减少用水的帮助。有趣的是，耗水量将比取水量增长得更快，主要是由于湿式冷却塔（闭环蒸发）取代了直流冷却，以及生物燃料的灌溉需求（IEA，2012b）。

3.6 水和工业部门的工作

UNIDO｜联合国工业发展组织工业资源效率促进组和约翰·佩恩（约翰·G·佩恩联合有限公司）

工作、就业经常和工业同时被提及，这里的工业包括大型公司和中小型企业（SME），包括主要原材料行业和制造业。创造直接就业机会有利于业务的开展和行业的发展，也与政府解决失业问题的议程相契合。此外，由于需要供应商和服务商的支撑，因此工业也能创造间接性的衍生就业（见专栏3.2）。

专栏 3.2　非洲的节水和增加就业情况

英国南非米勒酿酒公司（以下称SABMiller）的目标是，到2020年"每生产1L啤酒，用水下降至3L，每升软饮料用水下降至1.8L"。该公司2008—2013年对非洲的运营项目投资17.5亿美元，"以期创造就业机会，提供改善基础设施的资金，广泛支持价值链上下游的业务开展"。

一项独立的学术研究发现，SABMiller在2008—2013年间的活动对就业产生了如下影响：

· 在加纳，公司直接雇佣850名员工，间接提供17 600个就业机会；

· 在莫桑比克，至少间接提供73 100个就业机会；

· 在乌干达，SABMiller的每个岗位在当地间接创造了超过200个就业机会；

· 在撒哈拉以南非洲地区，每名直接受雇的员工需要56个间接就业机会来支撑，共创造了76.5万个工作岗位。

资料来源：转载和改编自 **SABMiller**（日期不详a、日期不详b和日期不详c）。

工业，作为体面就业岗位的一个重要来源，在全球共提供了近500万个工作岗位，占世界劳动力的1/5（UNIDO，2014）。2014年，经合组织成员国共有1.256亿人从事工业（包括建筑业），另有7 060万人从事制造业（OECD，日期不详）。在世界范围内，一些高度水密集型工业部门就业人数巨大：2 200万人从事食品和饮料生产（其中40%为女性），2 000万人从事化工、医药、橡胶及轮胎制

造，1 800万人从事电子行业（ILO，日期不详a）。总体来看，工业（包括能源行业）用水占全球总取水量的19%（FAO，2014f）。根据国际能源署（2012b）提供的数据，能源行业用水占总量的15%，这就意味着大型工业和制造业的用水仅占总量的4%。然而，据预测，到2050年，制造业本身的用水量将增加400%（OECD，2012c）。

在废水处理厂进行水质控制
照片来源：© Avatar＿023/Shutterstock.com

从食品和饮料生产、开采业等大型用水行业到中小型企业，不同产业对水的依赖度有所不同。如果考虑到工业或单个设施的总体水足迹（特别是供应链），水的使用量将进一步增加。如表3.6所示，缺水可能对一些主要工业部门造成非常严重的影响。工业必须有数量可靠、质量适当的供水，如果不能高效管理水，至少应对其进行充分管理。2014年，碳信息披露项目（CDP）的水项目报告指出，53%的工业行业的调查对象和26%的供应链上的调查对象报告了直接运营中的水风险（CDP，2014）。

表 3.6　　　　缺水对主要行业的影响

行　业	影　响
食品和饮料生产	制造过程中断、商品成本变高、电力成本变高、瓶装水制造原料缺失
制造业	生产过程中断、液体废物排放问题
半导体制造	生产过程中断、净化水成本变高、产业扩张受限
开采业	对钻井、开采、泥浆运输和废物排放构成潜在限制

资料来源：改编自JPMorgan（2008，表2，第12页；基于世界资源研究所的数据）。

在任何工作成为现实之前，公司必须为其产业投资选好合适的位置。在决定进行投资时，需要考虑许多因素，水及其可能的稀缺性就是其中之一（其他因素包括当地劳动力资源、原材料、交通运输和潜在市场）。任何一项因素不能令人满意都会导致重新选址，结果就是未来就业岗位的流失。然而，目前没有统计数据来更好地了解水和工作之间的联系和互相影响。

从食品和饮料生产、开采业等大型用水行业到中小型企业，不同行业对水的依赖度有所不同。

水在经济中的重要作用和环境对资源造成的压力，已经逐渐被工业企业所认知，这加速了一系列措施的出台，旨在减少用水并提高用水效率（每立方米水的附加值）（Grobicki，2007）。理论上，在工业生产中，从供给到需求的管理变化中节约下来的水应让其他部门使用，并创造更多的就业机会。如果保持工业生产水平，鉴于高科技设备会取代部分劳动力，提高用水效率的负面影响是可能会造成失业。相反，在反弹效应下（Ercin 和 Hoekstra，2012），提高工业效率后，使用相同水量可提高产量，这可能会创造更多的就业机会。来自瑞典的统计（见专栏3.3）显示了水密集型工业中取水、附加值和就业之间的关系，其中有趣的是，无论用水量和经济产出是否挂钩，就业水平一直保持基本不变。

水质也逐渐成为被关注的对象，特别是在下游。在最坏的情况下，监管部门可能关闭排放严重污染污水的工厂，造成工厂所有人员失业。在上游，进行重复用水和循环用水，并根据使用目的选择不同水质的水，转型清洁生产，能在行业内部以及为行业以外的制造处理设备的厂家创造额外和高薪的工业岗位（更多训练有素的员工）。

当考虑到体面工作，如果一个公司或产业拥有良好的工作条件和声誉，那么就很可能会吸引受过较好培训、更为高效的员工。这些因素会提高生产力。更高的利润可能会吸引更多的投资，有助于节水（节能）技术的应用。被视为绿色产业的信誉优势会使这种好处变大。体面工作是包容性和可持续工业发展（ISID）的一部分，这是联合国工业发展组织可持续经济增长和环境保护工作的基石（UNIDO，2014）。

专栏 3.3　2000—2005 年瑞典河流流域水密集型工业的取水量、附加值、就业和环境成本的演变

· 在波的尼亚湾和波罗的海南部的河流流域，水密集型产业用水量和经济产出明显脱钩。取水量保持不变，甚至下降，而附加值显著上升。在（西、北）博滕省和斯卡格拉克-卡特加特海峡河流流域，两者的分离程度较轻。

· 相比之下，波罗的海北部的取水量显著上升（60%），而附加值只增长了 22%，这表明水密集型产业用水量和经济活动之间保持着强有力的联系。

· 波罗的海南部，处理和预防环境影响方面的投资增幅最大。

· 所有地区的就业人数几乎保持不变。

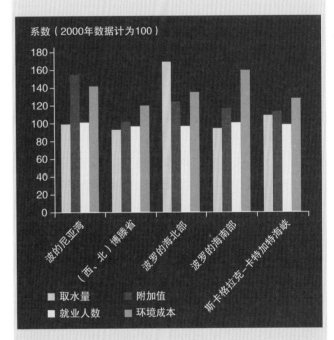

资料来源：转载和改编自 EEA（2012，图 4.9，第 45 页；基于瑞典 2007 年统计数据）。

水行业的就业

WWAP | 马克·帕坎

国际劳工组织 (ILO)，基尔斯滕·德·维特 (Kirsten de Vette)， 罗伯特·博斯 (Robert Bos)（国际水协会，IWA），阿卡纳·帕特卡 (Archana Patkar)、 埃米莉·德什谢纳 (Emily Deschaine)（供水和卫生合作理事会，WSSCC) 和凯瑟琳·科斯格罗夫参与编写

印度门格洛尔 (Mangalore) 市卡沃尔 (Kavoor) 区的污水处理厂
照片来源：© 亚洲开发银行

本章介绍了传统水行业（水资源管理、水利基础设施和水服务）的各种工作以及相关人才需求。

4.1 水行业的工作

水行业的工作主要涵盖了 3 个方面：①水资源管理，包括水资源综合管理以及生态系统修复和补偿；②修建和管理水利基础设施；③提供与水相关的服务，包括供水、污水和废物处理和补偿工作（UN DESA，2008）。

水资源管理是经济可持续发展的关键，它旨在实现水资源的保护、可持续使用和更新。规划制定者、管理人员、专业人士、专家、技术人员和运行人员共同开展上述工作，他们需要保护生态系统，河流、湖泊和湿地，修建必要的基础设施（如大坝和排水管）储存水资源，调节流量。

修建和管理基础设施涵盖了提供和维护与水相关的（天然和人工）基础设施，以管理水资源，提供与水相关的服务，包括管理洪水和干旱。这些工作需要规划制定者、工程师、环境专家和运行人员等的共同参与。

提供与水相关服务促成很多行业的就业。一方面包括城市供水、污水管理，以及卫生设施和个人健康习惯养成等；另一方面涉及经济用途，如能源、农业和工业部门。这些工作涉及法律、政策、体制和管理框架、技术和投资规划、运行和维护、修建设施、调动社区参与、健康促进，以及监测和评估。

由于必须有足量的水资源来支持经济和非经济活动，同时水资源在返回到自然环境中时水质需达到标准，因此运行和维护水和污水处理厂的工作至关重要。在供水和污水处理行业工作的人占了整个水行业的 80%（UNESCO-UNEVOC，2012）。尽管我们无法得知全球范围内究竟有多少人从事水行业的工作，但国际水和卫生设施标准网络（IBNET）作为一家权威的机构，其数据库拥有全球 135 个国家的 4 000 多家水与卫生设施相关机构的信息，显示有 623 000 名专业人员从事水与卫生相关服务（Danilenko 等，2014）。

水行业的工作为农业、能源、工业和燃料等加工行业提供与水相关工作的基础。这些行业需要大量的水资源，有时对水质还有很高的要求（如食品加工和医药生产行业）。

4.2 人力资源需求

因为行业的需求、能力和有效性的数据很匮乏，所以很难准确地描述水行业对人力资源的需求。不管怎样，研究表明水行业的人力资源非常缺乏（IWA，2014a）。供水和卫生领域的信息要比水资源管理领域多，主要原因是为了评估是否实现了千年发展目标，饮用水和卫生领域的资料收集得更多。可持续发展目标对水有更全面的要求，这也为调查相关涉水行业的人力资源需求信息提供了契机。

从印度尼西亚到荷兰，各个国家都面临系统性的问题，如员工流失、经验缺乏、毕业生进入水行业工作的兴趣不浓等，这些影响会一直延续到 2020 年甚至以后。尤其是在经合组织成员国中，由于工作人口老龄化，水行业人力需求的缺口更大（Wehn 和 Alaerts，2013）。工业行业分析显示，美国目前在水设备行业工作的人到 2020 年将有 30%～50% 达到退休年龄（Snow 和 Mutschler，2012）。

中低收入国家为了实现千年发展目标中的水与卫生目标，即将得不到安全饮用水和基本卫生设施的人口比例减半，开展了不懈努力，使得基础设施建设、技术革新和机构改革都得到了大量的投资。然而，设计、建设、运行和维护相关设施所需要的人力资源建设和投入没有得到足够的重视，不足以支持从全球范围内开展长期的工作（国际水协会，2014b）。同样的，目前各国修复老化基础设施的需求不断加大，但都面临着经济投入和人力资源的缺口（美国市长大会，2008a；WWC/OECD，2015）。

根据世界卫生组织两年一次的全球卫生和饮用水分析和评估（GLAAS），这些缺口对维持千年发展目标的成果形成了实实在在的威胁。全球卫生和饮用水分析和评估涉及的 67 个国家中，在系统运行和维护方面，仅 27 个国家有足够的人员可以运行和维护城市供水系统，只有 11 个国家有能力运行和维护农村饮水系统。其中，不到 20% 的国家可以满足农村卫生工作对技术和专业人员的需求（WHO，2014）。

我们需要开展更多的研究，进一步明确缺口的本质和规模。另一项在 10 个国家（布基纳法索、加纳、老挝、莫桑比克、尼日尔、巴布亚新几内亚、塞内加尔、斯里兰卡和坦桑尼亚）开展的研究表明，这些国家总共缺乏 787 200 位专业的水与卫生从业人员来全面提供水与卫生服务（IWA，2014a）。

水行业的工作为农业、能源、工业和燃料等加工行业提供与水相关工作的基础。

出现这些缺口的原因有很多，包括缺少雇佣和留住员工的资金（提供工资和福利），尤其是在公共部门；吸引经验丰富的人员到农村居住和工作有难度；课程设计和现实的工作需求之间存在差异；教育机构资金缺乏；承担不起学费；许多国家缺少持续的教育机制；政府政策缺失，无法提供良好的政策环境；形象问题，尤其是对卫生领域，大家持有偏见（UNESCO-UNEVOC，2012；IWA，2014a；WHO，2014）。在很多地区，包括西非，卫生领域很难雇佣到员工，往往因为人们对排泄物有各种禁忌（WaterAid，2009）。

许多发展中国家严重缺乏从事水与卫生领域工作的人员（IWA，2014a），原因有很多，包括无意愿投资、政府人员编制限制、定向教育不足、卫生领域不具有吸引力，以及缺乏长期的学习和职业发展等。

高收入国家在招聘足够的、符合标准的水与卫生领域工作人员时面临不同的挑战。婴儿潮时代出生的人在20世纪70年代进入水与卫生领域工作，现在逐渐面临退休。这意味着该领域的知识、经验和专业人才都面临流失的问题。

根据对世界不同发展地区的15个国家的分析，国际水协会（2014a）确定了一系列关键的限制因素。其中包括：

• 在水与卫生领域，缺乏中层技术人员和工程师是技术领域最大的问题。运行维护、监控评估和社会发展专业等领域的人力资源缺口最大（世界卫生组织，2014）。后者需求的加大是因为要进一步加强社区动员和提倡公众参与（比如非正式的设施和部门）。

• 人员资质和专业人员人数在农村和城市两大系统中存在差距，尤其是农村地区实现管道输水有困难的国家更是如此。农村地区更多地依赖非正式的员工，使用的是简单的技术或社区管理系统。城市地区对员工操作更大型的设备有更高的技术要求。

• 在农村地区，水与卫生行业的工人缺少报酬、福利等形式的激励机制（IWA，2014a；WHO，2014）。很多国家都缺乏有效的人力资源管理、规划、开发和评估措施。

• 行业需求和教育供给（学术教育、职业教育和培训等）之间未能很好地衔接也导致在工作技能上存在缺口。很多国家在一揽子政策中都大力提倡足够的技能培训来支持水与污水的管理以更好地应对水挑战（UNESCO-UNEVOC，2012）。2014年全球卫生和饮用水分析和评估对94个国家进行调查，其中仅1/3的国家在农村和城市的卫生、饮用水和健康习惯方面有人力资源战略（WHO，2014）。解决这个问题的方法包括创造更好的政策环境，建立教育部门、雇主（公共、私营、非政府组织）、工会和员工的合作机制，形成激励机制吸引和挽留员工，加强技术和职业培训，重视农村地区的人力资源发展（IWA，2014a，2014b；Kimwaga等，2013；UNESCO-UNEVOC，2012）。

还有很重要的一点需要注意，过去绿色工作发展的经验告诉我们，当员工专门接受绿色和全新工作的相关培训后，他们的就业机会往往非常有限，除非相关培训也涵盖传统职业的内容（太平洋研究院，2013）。

水、就业和可持续发展

埃塞俄比亚迪马·古兰达小学的学生如厕后洗手
照片来源：© 联合国儿童基金会埃塞俄比亚办事处 / 2014 / Ose

　　本章讨论的议题是，当政策制定者面对水与就业的关系时最应该思考的法律和政策问题，包括人权、绿色经济、可持续发展和性别。

5.1 获得安全的饮用水及卫生设施是人权

WWAP | 马克·帕坎

凯瑟琳·科斯格罗夫参与编写

国际社会认为，获得安全的饮用水和卫生设施是人权，是人类获得其他权利的不可分割的部分，尤其是获得生存权和尊严、足够的粮食和住房、健康和福祉，包括健康的工作和环境权利。然而，世界上很大一部分人口从各方面（包括充足的水量、水质、规律性、安全性、可接受性、可获得性和支付能力）都没有得到安全的饮用水和卫生设施的权利（UNGA，2010a）。地区之间、城乡之间仍然存在着明显的差距（UNICEF/WHO，2015）。

此外，每年共有近230万人口因与工作相关的原因死亡（ILO，日期不详b）。国际劳工组织研究表明，17％的死亡是由通过水传播的疾病造成的，而造成这一结果的主要且可以避免的原因包括：饮用水水质差、卫生条件差、缺乏良好的卫生习惯和相关的知识(ILO，2003b)。预计恶劣的就业环境和不健康的行为习惯每年使全球GDP减少4％（ILO，2014b）。

这些数据表明，各国亟须加快步伐，加大努力，为所有人提供有保障的安全饮用水和卫生设施，在工作场所也是如此。实施2015年后发展框架和可持续发展目标需要进一步加大、加快努力的步伐。

联合国前特别报告员艾尔·哈吉·吉塞（El Hadji Guissé）说：“《世界人权宣言》在第二十五条第（一）款可论证地含蓄承认了饮用水和卫生设施权，该条写明：'人人有权享受为维持他本人和家属的健康和福利所需的生活水准，包括食物、衣着、住房、医疗……'”（UN，2004，第2页）。2010年联合国大会决议再次强调“享有安全和清洁饮用水和卫生设施的人权来源于适足生活水准的权利，它与人们获得最高标准的身体和精神健康、生命和尊严的权利紧密相关”（UNGA，2010b，第4段）❶。

经济、社会和文化权利委员会指出：“实现获得水的权利使每个人都能得到足够、安全、可接受、可获取、经济上可承受的水资源，满足个人和生活需要”（UN，2003，第3段）。委员会进一步指出，每个人所获得的水资源应该满足个人和生活需要，包括饮水、个人卫生设施、烹饪、个人和家庭卫生等。此外，确认人人获得足够的卫生实施是实现个人尊严和维护个人隐私的基础，是确保饮用水和水资源的水质安全的必要条件（UN，第2、第12和第37段）❷。

> **获得安全的饮用水和卫生设施是国际社会认可的人权，是人类获得其他权利的不可分割的部分。**

有关指导意见已经形成，将支持政府的政策制定者、国际机构和从事水与卫生的民间团体帮助人们实现水与卫生的权利（UNGA，2005）。

5.2 获得体面工作的人权

WWAP | 马克·帕坎

凯瑟琳·科斯格罗夫参与编写

获得体面的工作是国际社会认可的人权。作为经济、社会和文化权利的一部分，获得工作的权利在1948的《世界人权宣言》第二十三条第（一）款中是这样阐述的：“人人有权工作，自由选择职业，享受公正和合适的工作条件并享受免于失业的保障”。

为确保体面的工作环境，《经济、社会、文化权利国际公约》第七条进一步指出“人人有权享受

---

❶ 获得水的权利在一系列其他国际协议和宣言中都得到了各种体现，包括人权委员会决议 A/HRC/RES/15/9 (UNGA，2010c)；《经济、社会、文化权利国际公约》，1966年12月16日联大2200A（XXI）决议通过，1976年1月3日生效（UNGA，1966）；《消除对妇女一切形式歧视公约》，1979年12月18日联合国大会34/180决议通过，1981年9月3日生效（UNGA，1979）；《儿童权利公约》，1989年11月20日联合国大会44/25决议通过，1990年9月2日生效（UNGA，1989）；《残疾人权利公约》，2006年12月13日联合国大会61/106决议通过，2008年5月3日生效（UNGA，2006）。

❷ 需要注意的是，称为“世界土著人民大会”的联合国大会高级别全体会议的成果文件，于2014年9月22日在联合国大会通过，宣布人人都拥有获得水和卫生的权利（UNGA，2014a）。大会进一步指出，要确保实现“高等教育，使土著人民的文化多样性得到认可，使土著人民通过计划、政策和各种资源，参与健康、住房、水、卫生和其他经济社会项目或活动，提高福祉”（UNGA，2014a，第11段）。

公正和良好的工作条件"（UNGA，1966），此外，人人有权享有同工同酬和合理的报酬，员工及其家人有权获得体面的生活，理应有放松休闲的机会并且工作时间有合理的限制，拥有组建和加入工会的权利，并且可以获得安全和健康的工作环境❶。

国际劳工组织第 122 号公约（ILO，1964），即 108 个成员国批准的《就业政策公约》，旨在推动经济增长和发展，提高生活水平，满足人员需求，并解决失业和就业不充分的问题。为实现此目标，公约要求批准国实行"一项积极的政策，其目的在于促进充分的、自由选择的生产性就业"（第 1 条第 1 款），同时，"上述政策应适当考虑经济发展的阶段和水平，以及就业目标同其他经济和社会目标之间的相互关系，其实施办法应合乎各国的条件和实践"（第 1 条第 3 款）。因此，政府、雇主和员工之间的社会对话❷对制定上述政策至关重要。

根据《全球就业公约》（ILO，2009），国际劳工组织的组成部门、成员国政府和雇员、雇主有关组织都同意将充分的、生产性就业和体面的工作放在危机应对的核心位置（第 11 条）。因此第 14 条规定"国际劳工标准为支持人们享有工作时的权利创建了基础，并有利于创造社会对话的文化"。此外，公约前言强调要"尊重工作中的基本原则和权利，实现性别平等，并鼓励人们发表言论、参与活动和社会对话，这些对复苏和发展至关重要。当政策通过完整和协调一致的方式得以实施时，将缓解社会紧张，减少经济衰退对人们的影响，刺激总体需求，并促进竞争激烈的市场经济和更加包容的增长过程"（第 5 页）。

需要强调的是，各种人权是紧密联系、相互依存、不可分割的。实现某种人权将有利于推动其他权利的实现，而剥夺某种人权将会影响其他权利的获得（OHCHR，日期不详）。尤其要指出的是，获得安全和健康的工作环境的先决条件是人们在工作场所应获得安全的饮用水和卫生设施。不卫生的饮用水、糟糕的卫生设施和不健康的个人习惯将会对雇员造成严重负面影响，包括失去工作的能力而无法维持生计、身体状况变差乃至死亡。因此实现

这些权利是获得体面工作权利的重要组成部分（UN，2004）。

2014 年联合国安全饮用水和卫生设施人权特别报告员的报告中指出了这个重要联系，即"侵犯人们获得水与卫生设施的权利频繁地导致人们的其它权利被剥夺，包括生命、健康、食品、住房、教育、工作和健康环境的权利"（UNGA，2014b，第 6 段）（见专栏 5.1）。

> **专栏 5.1　以人权为本的方针**
>
> 以人权为本的方针是基于国际人权标准，意在提升和保护获得安全饮用水、卫生设施和体面工作等人权的人类发展概念框架。被排斥在外的个人或群体的呼声经常听不见，特别是妇女、儿童和其他受歧视的人，这种方针可以强化他们的声音，赋予其合法性。
>
> 资料来源：de Albuquerque 和 Roaf（2012，第 106 页）。

在经济、社会和文化权利方面，比如获得安全饮用水、卫生设施和工作的权利等，各国政府应最大限度地利用各种资源，采取各种有效措施，稳步实现这些目标（UNGA，1996，第二条）。

同时，各国政府有义务逐步提供安全的饮用水和足够的卫生设施，来避免、治疗和控制与水相关的疾病，包括在工作场所的疾病。同样，各国政府有责任确保人人都能获得这些权利，没有歧视，男女平等（UN，2003，第 2、第 13 段）。获得安全饮用水和卫生设施的人权往往与现有的水权和政府间协议发生冲突。那些阻碍人们获得安全饮用水和卫生设施的水权体制与各国政府的责任相违背，侵犯了人权。

5.3　在绿色经济中创造就业机会

WWAP｜马克·帕坎
凯瑟琳·科斯格罗夫参与编写

由于新技术、新工艺和新操作方式的出现，向更加绿色的经济转型正在改变各种工作的任务以及工作

---

❶　为实现这些目标，国际劳工组织通过了第 1、第 30、第 87、第 98、第 100、第 111、第 155 号公约（国际劳工组织，1919，1930，1948，1949，1951，1958 和 1981），以及其他与高耗水行业，包括采矿（第 176 号）（ILO，1995）和农业（第 184 号）（ILO，2001）中的安全和健康相关的公约。

❷　社会对话包括各种形式的信息交流、磋商和谈判，旨在实现透明的、协同合作的政策制定过程。

环境。水行业的就业潜力将很可能使很多国家的相关行业加速向"绿色"转型发展，如爱沙尼亚、法国、印度、韩国、西班牙和美国（ILO，2011a）。

水规划和水治理是协调很多领域发展的有利工具，如农业、能源、制造业、旅游业和土地整治，并能在水资源有限的情况下管理日益增长的需求。因此，我们制定经济政策时需要把水管理放在水平轴上重点考虑（UNW-DPC，2012；OECD，2012a）。本报告第11章进一步从细节上讨论了水工作如何多方面地影响经济和就业。

政府制定的政策要起核心作用，因为水行业的投资和维护成本很大程度都来自公共部门。比如，在发展中国家，基础建设大部分（75%）由政府财政投资，长期投融资来自国有银行。此外，2013年，大约96亿美元，即90%的流域管理和水生态系统保护投融资来自公共部门（WWC/OECD，2014）。因此，毫无意外的是，受绿色经济发展的激励，投资第二多的行业就是水和废物处理，排在能源效率之后（ILO，2011a）。

在美国，预计对传统水利基础设施行业每投入100万美元将产生10～26个就业机会。此外，一些数据显示对可持续水项目投资，包括城市保护和效率、修复和整治以及开发其他水源等行为将产生大量就业机会，大概是每投资100万美元将有10～72个就业机会（太平洋研究院，2013）。

实施可持续的水资源管理需要各种职业通力合作，其中不乏新的职业（见专栏5.2）。比如说，太平洋研究院研究认为有136种职业参与到推动实现农业、城市居住和商业规划、修复和整治、开发其他水源和雨水管理等行业的可持续发展中（太平洋研究院，2013）。

> **专栏5.2 水行业的新职业**
>
> 在澳大利亚，水行业的工程师是一种新的职业。它需要水文地质学的背景，具备水敏感性的城市规划、洪泛平原评估、含水层蓄积和修复的知识和管理技能，熟悉水交易，能做环境流量管理，应对当下和未来出现的水质挑战和盐度问题等。此外，污水管理的技能也不可缺少。
>
> 西班牙出现的一种新的职业就是负责海水淡化厂维护和运行的经理，该岗位需管理将海水处理为可饮用淡水的全流程（ILO，2011a）。

实现绿色战略需要尽早确定特定行业中急需的技能（ILO，2011a）。可持续水战略可以在传统行业中创造新的就业机会，而且不需要新的技能（从卡车司机到律师）。新兴职业则要求在高中阶段开展职业资格培训，包括培训使用和维护技术。此外，可持续水战略还会产生全新的职业，要求更高端的职业技能（ILO，2011a；太平洋研究院，2013）。这在发展中国家、新兴国家和工业化国家都是如此（ILO，2011a）。

政策制定者、教育机构和职业培训学院，以及各行业的利益相关者需要统筹考虑这些因素，不可将其割裂，因为他们需要面对的是人们对水资源不断增加和变化的需求。

5.4 水、就业和可持续发展目标
WWAP｜马克·帕坎
凯瑟琳·科斯格罗夫参与编写

2015年9月，国际社会通过了2030年可持续发展议程，其中包括一系列可持续发展目标。这些目标建立在千年发展目标的基础之上，旨在完成千年发展目标未竟的事业，并应对新的挑战。这些目标确定了一系列全球可持续发展的重点，脱离了千年发展目标对水的局限认识，即仅仅是供水和卫生设施，以一个全面、系统且至关重要的水圈的角度来审视水。与千年发展目标不同的是，可持续发展目标不仅仅关注发展中国家。

为支持成员国制定2015年后全球发展框架，由联合国发起的国家、地区和全球层面的商谈从范围和内容上都非常广泛。全球有近100万人，包括雇主和工会的代表参与了相关进程。与教育、健康护理、城市和负责任的政府一道，增加水和卫生领域的就业机会在联合国为下一项议程开展的"我的世界，2015年全球调查"中被列为是重中之重（UN，日期不详）。创造就业机会在联合国举行的国家间协商中也几乎被所有国家认为是迫切需要解决的问题，是联合国区域委员会确认的重点之一。由海外发展研究所开展的未来目标跟踪项目（ODI，日期不详）通过对150个提案的分析，得出了相似的结论。

可持续发展目标6专门提出了为所有人提供水和环境卫生并对其进行可持续管理（见专栏5.3）。

目标6所含的具体目标范围广，涵盖了水资源保护、水资源综合管理，以及人人获得安全和负担得起的饮用水。它不再局限于水、环境卫生和个人卫生（WASH），而是涵盖了整个水圈，包括污水管理和水质、水利用和水效率、水资源管理和水生态系统。

是可持续发展的核心，这已是广泛认可的事实。现在国际社会普遍认为水是最重要的自然资源，所有的社会、经济活动和生态系统都依赖水资源"（WWAP，2015，第9页）。

专栏5.3 可持续发展目标6——为所有人提供水和环境卫生并对其进行可持续管理

6.1 到2030年，人人普遍和公平获得安全和负担得起的饮用水

6.2 到2030年，人人享有适当和公平的环境卫生和个人卫生，杜绝露天排便，特别注意满足妇女、女童和弱势群体在此方面的需求

6.3 到2030年，通过以下方式改善水质：减少污染，消除倾倒废物现象，把危险化学品和材料的排放减少到最低限度，将未经处理废水比例减半，大幅增加全球废物回收和安全再利用

6.4 到2030年，所有行业大幅提高用水效率，确保可持续取用和供应淡水，以解决缺水问题，大幅减少缺水人数

6.5 到2030年，在各级进行水资源综合管理，包括酌情开展跨境合作

6.6 到2020年，保护和恢复与水有关的生态系统，包括山地、森林、湿地、河流、地下含水层和湖泊

6.a 到2030年，扩大向发展中国家提供的国际合作和能力建设支持，帮助它们开展与水和卫生有关的活动和方案，包括雨水采集、海水淡化、提高用水效率、废水处理、水回收和再利用技术

6.b 支持和加强地方社区参与改进水和环境卫生管理

资料来源：UNGA（2015）。

专栏5.4 与水相关的其他可持续发展目标

目标1 在全世界消除一切形式的贫困

目标2 消除饥饿，实现粮食安全，改善营养状况和促进可持续农业

目标3 确保健康的生活方式，促进各年龄段人群的福祉

目标7 确保人人获得负担得起的、可靠和可持续的现代能源

目标8 促进持久、包容和可持续的经济增长，促进充分的生产性就业和人人获得体面工作

目标9 建造具备抵御灾害能力的基础设施，促进具有包容性的可持续工业化，推动创新

目标10 减少国家内部和国家之间的不平等

目标11 建设包容、安全、有抵御灾害能力和可持续的城市和人类居住区

目标11.5 到2030年，大幅减少包括水灾在内的各种灾害造成的死亡人数和受灾人数，大幅减少上述灾害造成的与全球国内生产总值有关的直接经济损失，重点保护穷人和处境脆弱群体

目标12 采用可持续的消费和生产模式

目标13 采取紧急行动应对气候变化及其影响

目标15 保护、恢复和促进可持续利用陆地生态系统，可持续管理森林，防治荒漠化，制止和扭转土地退化，遏制生物多样性的丧失

目标16 创建和平、包容的社会以促进可持续发展，让所有人都能诉诸司法，在各级建立有效、负责和包容的机构

资料来源：UNGA（2015）。

水规划和水治理是协调很多领域发展的有利工具，如农业、能源、制造业、旅游业和土地整治。

水还与其他可持续发展目标息息相关（见专栏5.4）。2015年《联合国世界水发展报告》指出"水

特别是，水与可持续发展目标8，即"促进持久、包容和可持续经济增长，促进充分的生产性就业和人人获得体面工作"等的各个方面都紧密联系（见专栏5.5）。

　　可持续发展目标的其他目标也体现了与劳动力相关的问题。社会保障是贫困和健康目标中各项行动的核心（目标1和目标3），它与应对性别不平等等问题的薪酬政策和财政政策等也息息相关。技术和职业能力是教育目标下的3个子目标讨论的重点。其他相关的目标涉及农民工，健康和教育领域的员工，无报酬的护理和家庭工作，外出打工人员，价值链中的中小型企业，适应与气候相关的灾害，经济、社会和环境冲击、灾害，歧视和基本自由❶。

5.5　跨越性别的鸿沟

WWAP｜法苏达·潘加雷（Vasudha Pangare）莱莎·威特默（Lesha Witmer）、理查德·康纳和马克·帕坎参与编写

　　国际社会广泛认可女性在供水、水管理和保护水方面的核心作用。1977年在阿根廷马德普拉塔举行的联合国水大会，以及1992年在爱尔兰都柏林举行的国际水和环境大会都是如此认为。《21世纪议程》（UNSD，1992，第18章，第18.9.c段）和《约翰内斯堡实施计划》（WSSD，2002，第25段）均着重强调了女性在水管理中的重要地位。此外，"生命之水"国际行动十年（2005—2015年）也呼吁更多的女性参与到与水相关的发展行动中。

印度尼西亚帕朗卡拉亚市Garantung镇消防演习中的女性消防员
照片来源：©国际林业研究中心艾哈迈德·易卜拉欣（Achmad Ibrahim）

我们缺乏在依赖水的行业中工作的男女员工的性别分类数据。

　　各经济行业提供的信息显示，女性在高层获得正式职位可以做出突出贡献。Catalyst（2011）的报告指出，有3名乃至更多女性在董事会中任职的全球500强企业比董事会中女性数量较少的企业表现得更加突出。麦肯锡（2013）也指出，相比董事会成员全部为男性的企业，拥有更多女性董事的企业运行更好。定性分析显示，女性参与水资源和水利基础设施的管理能提高效率和增加收益（GWTF，2006；van Koppen，2002）。

5.5.1　寻找性别鸿沟

　　1995年以来，男女在就业市场中的差距几乎没

---

　　❶　国际劳工组织《2014年世界工作报告》（ILO，2014a，第ⅩⅩⅢ页）也支持设立此目标："若再就业和体面工作方面不能取得进展，不可能实现持久的发展。通过制定政策、建立机构、创造更多更好的就业机会，发展进程将得到推动。反之，若经济建立在简陋且不安全的工作环境、被克扣的工资，以及持续增加的工作贫困和不平等基础上，经济发展不可能实现可持续性。除了它们对经济增长的影响，就业、权利、社会保障和对话都是发展不可缺少的一部分。"

有缩小。全球范围内，2015 年，仅 50％的女性在工作，而男性的就业比例为 77％。1995 年，两个数据分别是 52％和 80％（ILO，2015b）。女性在工作中仍然面临着普遍存在的歧视和不公平。在世界上许多地方，女性往往从事被低估的、报酬少的工作，并承担了几乎所有的无报酬的护理工作。人们经常忽视这些无报酬的工作，这会阻碍女性积极参与有报酬的工作。许多女性得不到教育、培训和再就业的机会，在议价和决策制定方面的能力有限（ILO，2015b）。积极的行动以及扶持政策的落实可以帮助人们获得更多公共服务，增加对省时、省力的基础设施的投资，有利于进一步加快填补性别的鸿沟（联合国妇女署，2015）。

女性为家庭准备可用的水是一项重要的无报酬工作，严重影响了女性从事正式的工作。女性在获取水（和燃料）上付出了大量时间，使她们投入到正式或非正式的、能改善生计的有偿劳动中的时间减少。女性（和女孩）从事了绝大部分的无报酬的取水工作。撒哈拉以南的非洲地区，约 3/4 的家庭需要从离家远的水源地取水（UNICEF/WHO，2012），而 50％～85％的工作由女性家庭成员完成（ILO/WGF，日期不详）。由于是女性去取水，每次取水所消耗的时间也更多（Sorenson 等，2011）。在南非的贫困农村家庭，取水和砍柴使女性在有报酬的工作上花费的时间不到 25％（Valodia 和 Devey，2005）（见专栏 5.6）。

专栏 5.6　取水：从事无报酬工作对女性造成的经济和健康影响

远距离取水很显然对取水者的精神和身体健康以及他/她参与家庭、正式和非正式工作有着直接的负面影响。儿童和成人在取水中都面临持续疼痛和行动问题（Geere 等，2010a，2010b；Lloyd 等，2010），并且取水很可能造成与脊柱肌肉骨骼失调和脊柱压迫相关的疼痛和残疾（Evans 等，2013）。

此外，取水会造成心理和情感上的压力，影响身体健康，使肌肉骨骼失调造成残疾，影响工作表现和工作满足感（Diouf 等，2014；Stevenson 等，2012；Wutich，2009）。此外，许多女性和儿童还指出在取水过程中面临身体暴力和性暴力（Sorenson 等，2011）。

在中低收入国家，取水对女性的健康和对其外出工作的影响尤其明显。在这些国家，大部分人从事对体力要求较高、非正式或监管不力的工作（Hoy 等，2014）。此外，经济、政治和社会的不公平往往体现在获得饮用水方面（UNICEF/WHO，2014），很多边缘化的群体更大程度上要承受取水带来的负面经济影响和健康影响。

来源：ILO/WGF（日期不详）。

获得卫生设施也是年轻女孩或女性参与生活各个方面（包括最重要的教育和就业）的重要影响因素（Adukia，2014；Pearson 和 McPhedran，2012；世界银行，2011；水援助，日期不详）。尽管在发展中国家这个问题更为普遍，然而全世界的女性都需要在工作的地方能获得卫生设施。通过解决女性经期如厕问题后，女性在工作中可以创造巨大的利益（见专栏 14.1）。在经期的女孩会因为学校里没有男女分开的厕所而无法正常上课。女性地位委员会在第 55 次会议上指出，提供饮用水和独立、足够的卫生设施，是影响女性参与劳动市场的重要制约因素，也与性别平等和女性得到基本的生活和尊严紧密相关。

5.5.2　应对和机会

一系列手段可以促进女性参与依赖水的工作，或为其发展做贡献。

收集并传播在依赖水的行业中工作的男女员工的性别分类数据基本情况

我们缺乏在依赖水的行业中工作的男女员工的性别数据。在全球、区域、国家和地方层面搜集相关数据不仅可以提供男性、女性在依赖水的行业工作的基本情况，也有利于我们跟踪消除性别鸿沟的进展情况（见专栏 5.7）。同时，有必要更清醒地认识男性和女性之间存在的社会和文化差异，以了解他/她们获得工作机会的差异❶。

专栏 5.7　有志者事竟成

乌干达的水发展总司（Ebila，2006）搜集了水与卫生委员会的员工性别情况和总司不同职位男女员工人数等数据。总司发现男性员工人数远远高于女性员工，于是计划未来 5 年内将在水部门工作的女性员工比例提高 30％。为此，总司成立了一个性别工作组，性别、劳工和社会发展部的官员也是工作组成员。

2013 年举办的第 19 届国际劳工数据大会通过了新的国际数据标准，将指导各国进一步完善传统的劳动力市场重点指标，包括劳动力参与率、就业率和失业率。重要的是，大会还推出了一个概念框架，用以评估有报酬和无报酬的各种形式的工作，旨在满足各方日益增长的对性别相关数据的需求，以便更好地制定经济和社会政策。对未充分利用的劳动力的评估和进一步改善人们进入劳动力市场的途径将对女性产生重大影响，并有利于实现性别平等。

通过推动两性平等应对文化障碍、社会规范和性别角色定型

社会规划、看法和性别角色定型往往是男性、女性获取工作的障碍，使得他/她们在工作的选择和计划上受到局限。有时候人们刻板地认为这项工作应该由男性或女性从事，这不仅影响求职者，也影响了雇主（比如农业和渔业价值链上的工作往往被刻板地归于某一类性别从事的工作）。男孩和女孩在接受教育的过程中也会被这种固定思维所引导和固化。

因此，再怎么强调性别敏感都不为过，而且应始终成为讨论和思考的重点。我们需要更多、更好的这种社会文化规范的相关信息，以理解当下存在的求职障碍，找到办法解决这些问题。对性别敏感的进一步研究和认识，将有利于社会接受男性从事无报酬的工作，也将有利于女性得以解放而从事有报酬的工作。

实施和支持平等机会的政策和手段

若没有积极的手段来消除那些阻碍女性获得平等就业机会的障碍，消除就业中的性别鸿沟就不可能成功。

首先，政府和雇主应该设计性别敏感的招聘计划，制定相关人力资源政策，并在实践中充分考虑男女面临的不同现实（Morton 等，2014）。其次，女性应同等地获得生产资料和资源，包括土地和水，因为这对农业等自营经济是至关重要的（FAO，日期不详）。再次，女性的技术能力有待进一步提高。无论是在地方还是社区层面，很多参与者都能就这一点通过正式或非正式的方式提供帮助。这是提高女性求职能力的必要条件（见专栏5.8）。

专栏 5.8　加纳女性水技能培训

"萨哈全球"培训女性利用当地现成的技术，对来自村镇水源的污水进行处理，以获得卫生的饮用水并向社区成员出售干净的水。在过去的 7 年，这个组织为加纳北部 178 位女性提供了就业机会。女性不仅从耕作中获利，还能从卖水中获得额外收入，通过大概每周工作 5 小时获得额外的 1～2 美元。对每天的支出大概为 2 美元的家庭而言，这笔收入非常重要，相关收入可用于改善孩子和家庭的生活。"这些女性通过技能和专业为社区服务，得到了极大的解放。她们很自豪地回馈、帮助他人，并为自己的孩子创造更好的生活。"

（本文是与"水、卫生设施和健康习惯的倡导者"合作的"水、卫生设施和健康习惯与千年发展目标：涟漪效应"系列博客文章之一。讨论的是水、卫生设施和健康习惯对全球发展的重要性。详见 http://www.huffing-tonpost.com/kate-clopeck/empowering-women-entrepre_b_7058122.html。）

在通过创新和各种手段实现绿色经济的过程中，新的工作机会将会出现，这将是女性提高就业

❶　从联合国世界水评估计划和联合国教科文组织开展的《性别敏感的水监控评估和报告》可查询数据搜集、方法、指导方针以及相关问卷表（见 http://www.unesco.org/new/en/natural-sciences/environment/water/wwap/water-and-gender/）（Seager，2015；Pangare，2015；世界水评估计划性别指标工作组，2015）。

率的重要机会。当需要新技术时，相关培训和能力建设方案应充分考虑男性和女性。必须牢记的是，因创新或新战略转移等造成的经济变革（绿色经济政策）可能产生正面或负面的影响。从性别角度看，需要确保女性能从中受益，而不是被负面效应所影响（见专栏5.9）。

专栏5.9　绿色技术可取代女性在农业中的地位

直播稻可降低种植粮食作物的用水量。印度农业研究院（Foodtank，2014）研究表明，直播稻彻底使播种期内不再用水，种植阶段的耗水量减少60％。播种往往通过机械设备进行，但在发展中国家，主要还是人工种植。直播可以将移植过程中需要耗费的人力减少40％（Pathak等，2011）。国际粮食政策研究所的研究显示（Paris等，2015），若农民使用直播稻，人力消耗将减少50％，导致原本受雇进行移植工作的贫困女性的收入进一步下降。

6 非 洲

世界水评估计划 | 史蒂芬·马克斯韦尔·夸梅·唐科 (Stephen Maxwell Kwame Donkor)
卡基丹·沙维尔 (Kalkidan Shawel) 参与编写

在贝宁波多诺伏工作并看管孩子
照片来源：© Anton_Ivanov/Shutterstock.com

本章介绍非洲在水资源、政策框架、经济和就业等方面面临的挑战和未来的发展方向，重点关注水相关领域的就业情况。

6.1 非洲水资源面临的挑战

非洲拥有全球9%的淡水资源和11%的人口（世界银行，日期不详a）。撒哈拉沙漠以南的非洲地区面临许多与水相关的问题，阻碍经济增长并威胁居民生活。非洲主要是雨养农业，灌溉面积不到耕地总面积的10%（世界银行，日期不详a）。年内或者跨年度的气候特性和水资源特性都会有很大变化。气候变化和气候波动的影响非常明显。水力发电在目前所有能源装机容量中占比最大，是电力的主要来源。过去十年间，对水力发电的持续投资大大提高了发电量。

落后的水利基础设施建设、有限的水资源开发和管理能力相对于快速增长的人口之间的巨大差距阻碍了非洲解决与能源安全和粮食安全相关的水挑战。非洲是世界上城镇化率提升速度最快的地区（Rafei和Tabari，2014），这一现实使情况进一步复杂化。最重要的是，跨界水资源（河流、湖泊和地下含水层）的多样性使非洲水资源的开发和管理显得尤为复杂。撒哈拉沙漠以南的非洲大约75%的地区处于53个国际河流流域，横跨多条国境线（世界银行，日期不详a）。如果能将区域水资源开发中的跨界合作潜力加以挖掘利用，这个明显的不足也能转变成机遇。例如，针对赞比西河开展的一次跨行业分析表明，在不进行任何额外投资的情况下，沿河合作会使稳定的能源生产增长23%（世界银行，日期不详a）。目前存在一些机构和法律层面的跨界合作，例如赞比西河管理局、南部非洲发展共同体（SADC）议定书、沃尔特河管理局和尼罗河流域委员会。然而，对沿岸各国而言，实现共赢的多边合作、获得最优的解决方案，需要付出更多的努力以进一步加强各国的政治意愿、增强财政能力、建立体制框架。

2014年，非洲有1 230万人就职于渔业和水产业，并为所有非洲国家贡献了240亿美元的国内生产总值，占总量的1.26%。

6.2 水、就业和经济

2005—2015年，非洲独立后经历了经济发展最快的10年。然而，这种增长既没有包容性也没有公平性。据世界银行统计，撒哈拉沙漠以南的非洲地区2014年年均国内生产总值增长4.5%，较前一年（2013年）的4.2%有所提高，这归功于持续的基础设施投资、农业产量的提高和服务业的活跃（见图6.1）。

图6.1　2007—2017年非洲和发展中国家国内生产总值增长情况

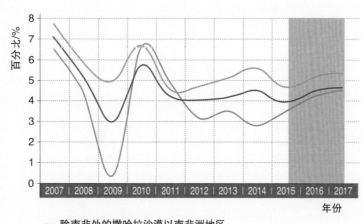

除南非外的撒哈拉沙漠以南非洲地区
除中国外的发展中国家
撒哈拉沙漠以南非洲地区

2010 年，非洲人口超过 10 亿，预计到 2050 年这个数字将翻倍（AfDB/OECD/UNDP，2015）。从人口统计结果来看，非洲会是全球人口增长最快的地区，其中各个子地区的增长情况会有所不同。此外，人口增长会向年轻人群倾斜，有就业需求的人口将会快速增长，预计到 2050 年，20 亿总人口中这部分人群会达到 9.10 亿（见图 6.2）。劳动人口的增长会集中在撒哈拉沙漠以南的非洲地区（约占 90%）。因此，非洲大陆国家最重要的政治问题就是就业，这些地区正遇到高失业率和未充分就业的问题，后者甚至导致了区域内的人口流动以及向欧洲和其他地区移民。

图 6.2　1950—2050年非洲人口增长情况

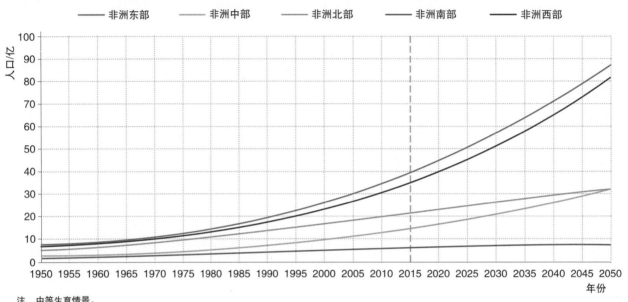

注　中等生育情景。

资料来源：AfDB/OECD/UNDP（2015，表6，第Ⅺ页）。

在结构性经济转变和社会转型的过程中，为增长的人口创造就业机会将是非洲面临的主要挑战。预计在 2015 年，撒哈拉沙漠以南非洲地区有 1 900 万年轻人即将加入低迷的就业市场进行择业，非洲北部地区还有 400 万年轻人。到 2030 年，撒哈拉沙漠以南非洲地区每年的就业需求将增加到 2 460 万，非洲北部地区将增加到 430 万，占全球就业需求增长总量的 2/3（AfDB/OECD/UNDP，2015）。年轻人的失业引发了动荡，尤其在非洲北部，造成社会不稳定，带来治安问题。

在非洲，有潜力能部分满足当前或预期工作需求的与水相关的重要行业主要有：社会服务业、农业、渔业和水产养殖业、零售业和接待业、制造业、建筑业、自然资源开发（包括采矿）以及能源生产（包括水力、地热以及压裂法开采石油和天然气）。所有这些领域都不同程度地依赖于可用水资源量、水资源的可获得性和可靠性。有些行业不负责任的用水行为会带来短期的就业机会，但是会给水资源的可用性造成负面影响，并危害其他依赖于水的行业的就业前景。对大多数非洲国家而言，气候变化、水资源匮乏和可变性直接影响主要行业的产出，从而最终影响整个国家经济。

6.3　依赖水的行业的就业情况

农业是非洲目前最重要的依赖水的行业，是大多数非洲国家的经济基石。雨养和灌溉农业为整个非洲提供了重要的就业机会。图 6.3 显示了非洲各个行业的就业分布情况。

6.3.1　农业

许多经济体的持续增长使民众生活水平和受教育程度不断提高，接受过高等教育的年轻一代开始从农村迁移到城市以寻求他们心仪的白领工作，农业作为非洲许多国家就业的主要来源这一情况正在逐渐改变。然而，在可预见的未来一段时间内，农业仍是非洲各国就业的主要来源，特别是对于非石油生产国而言。与非洲城市和乡镇快速城镇化发展过程中不断增长的失业率日渐矛盾的是：农村地区

图 6.3　2010年非洲[②]各行业的就业分布情况

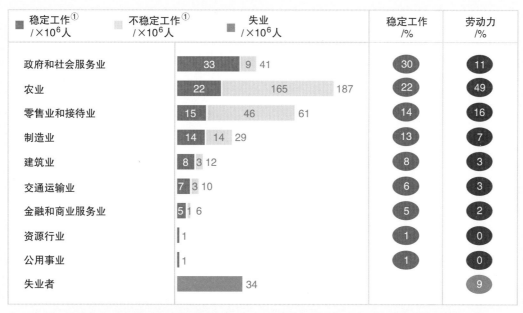

	稳定工作[①] /×10⁶人	不稳定工作[①] /×10⁶人	失业 /×10⁶人	稳定工作 /%	劳动力 /%
政府和社会服务业	33	9	41	30	11
农业	22	165	187	22	49
零售业和接待业	15	46	61	14	16
制造业	14	14	29	13	7
建筑业	8	3	12	8	3
交通运输业	7	3	10	6	3
金融和商业服务业	5	1	6	5	2
资源行业	1			1	0
公用事业	1			1	0
失业者			34		9

注　① 稳定就业指领取周薪或月薪的雇员和企业主,不稳定就业指自给农业、非正式的个体经营以及给亲戚打工。
　　② 阿尔及利亚、安哥拉、埃塞俄比亚、肯尼亚、摩洛哥、马里、塞内加尔、南非和乌干达的数据为估算值。
　　四舍五入可能造成数值相加与合计值有出入。

资料来源: 麦肯锡全球研究所(2012,E2,第4页),©2012麦肯锡公司版权所有。经许可重印。

的劳动力短缺使粮食产量大量减少,导致许多非洲国家对粮食进口的依赖程度上升。

联合国粮农组织的统计数据表明,截至 2010年,非洲地区 49% 的就业人口从事农业,这一数字从 2002 年到 2010 年是逐渐下降的。巧合的是,这期间非洲大多数国家的国内生产总值则持续增长(FAO,2014e)。尽管出现持续下滑,麦肯锡全球研究所(2012)分析预测,到 2020 年,农业将创造 800 万个稳定的工作机会。如果非洲的农业发展是通过在未开垦的土地上进行大规模的商业性农业生产,并从低价值的农产品生产转为劳动力更加密集、附加值更高的园艺和生物燃料产品生产来实现的(埃塞尔比亚就是个很好的例证),那么到 2020年,非洲大陆会新增 600 万个就业机会(麦肯锡全球研究所,2012)。然而,这样的预测并没有考虑到可能会出现的对现有工作机会的替代和现有工作的消失。这一情况需要在慎重的农业投资的背景下,从社会、经济和环境等方面进行仔细评估。

6.3.2 渔业

2014 年,非洲有 1 230 万人就职于渔业和水产业,为所有非洲国家贡献了 240 亿美元的国内生产总值,占总量的 1.26%,提高了粮食安全和营养水平。该领域约一半的人是渔民,其余的为加工人员(主要为女性)或水产养殖人员(FAO,2014g)。表 6.1 和表 6.2 显示了渔业和水产业在非洲整体国内生产总值中的占比以及渔业各细分行业带来的就业机会。

表 6.1　非洲国内生产总值中渔业和水产业细分行业所占比例

	增加值总量 /亿美元	占国内生产 总值比例 /%
非洲国家全部国内生产总值	19 095.14	
渔业和水产养殖业总值	240.30	1.26
内陆渔业总值	62.75	0.33
内陆捕鱼	46.76	0.24
捕捞后处理	15.90	0.08
本地许可	0.08	0
个体海洋渔业总值	81.30	0.43
个体海洋捕鱼	52.46	0.27
捕捞后处理	28.70	0.15
本地许可	0.13	0
工业化海洋渔业总值	68.49	0.36
工业化海洋捕鱼	46.70	0.24
捕捞后处理	18.78	0.10
本地许可	3.02	0.02
水产养殖业总值	27.76	0.15

资料来源: FAO (2014g,表 32,第 41 页)。

表 6.2　　　　　细分行业的就业情况

	就业人数/万人	分支行业占比/%	分支行业内占比/%
总体就业	1 226.9		
内陆渔业就业总数	495.8	40.4	
渔民	337.0		68.0
加工人员	158.8		32.0
个体海洋渔业就业总数	404.1	32.9	
渔民	187.6		46.4
加工人员	216.6		53.6
工业化海洋渔业就业总数	235.0	19.2	
渔民	90.1		38.4
加工人员	144.8		61.6
水产养殖业	92.0	7.5	

资料来源：FAO（2014g，表 44，第 54 页）。

6.3.3　制造业和工业

非洲许多制造行业也依赖于水。基于麦肯锡全球研究所（2012）的分析并参考联合国工业发展组织 INDSTAT4 数据库中的各国样本（FAO，日期不详），图 6.4 显示了不同的制造行业在为非洲创造就业机会中所占份额。尽管所提及的制造业被视为水密集型行业，但其提供工作机会的比例仍低于农业。

> **落后的水利基础设施建设、有限的水资源开发和管理能力相对于快速增长的人口之间的巨大差距阻碍了非洲解决与能源安全和粮食安全相关的水挑战。**

图 6.4　非洲部分国家中依赖于水的制造业创造的就业机会

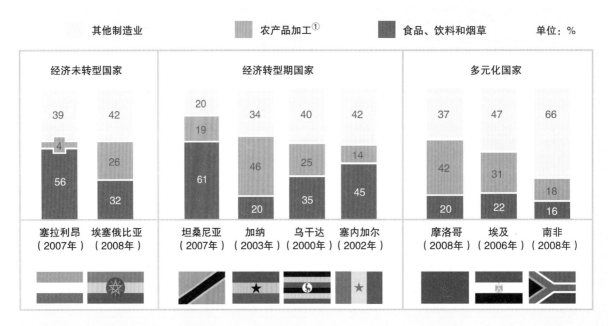

① 包括纺织、鞋类和服装、皮制品、纸质和木质品以及橡胶产品制造。
　数值四舍五入后可能会造成总和不为100%。

资料来源：麦肯锡全球研究所（2012，图14，第33页），©2012麦肯锡公司版权所有。经许可重印。

6.4　预期的未来发展

为了实现可持续发展目标，并维持过去 10 年的增长速度，非洲国家首先要考虑水利、电力和交通运输业的基础设施建设。没有这些作为基础，非洲经济过去 10 年的发展势头将一去不复返，并减少水行业内的直接工作机会和其他依赖于水的行业的工作机会。专栏 6.1 是加纳的案例分析，该案例被视为非洲经济复苏的最佳案例之一。

　　2011 年，随着石油生产的开始，加纳的经济增长速度达到 14%（GSS，2011）。然而，加纳 2015 年的经济增长率预期只有 3.9%（Okudzeto 等，2015），这很大程度上是因为缺乏快速增长所需要的最基础的水利和能源基础设施。加纳的经济主要依赖于沃尔特河上的阿科松博（Akosombo）水电站的发电。由于降雨量变小带来的水流减少，2015 年该水电站的发电量只达到设计能力的一半（《非洲报告》，2015）。地热发电厂遭到破坏使这种情况更加恶化。2015 年 6 月实行了用电配给，供电 12 小时、断电 24 小时。虽然这是极端情况，但是为了维持新兴的非洲各经济体中的生产和就业，确实有必要加强水利基础设施建设。加纳的工会组织和雇主联盟有证据表明，2015 年数以万计的稳定工作机会消失了，投资环境恶化，迫使加纳不得不再次寻求国际货币基金组织的宏观经济支持。

6.5　非洲水政策框架及对就业的影响

　　非洲涉水领域的政策框架包括为了社会经济发展、地区一体化和环境保护而制定的一系列关于非洲大陆水资源开发和利用的高层声明、解决方案以及行动计划，包括 2025 年非洲水愿景及其行动框架（UNECA/AU/AfDB，2000）、非盟（AU）水与农业特别峰会（《苏尔特宣言》）（AU，2004）、《非盟水与卫生沙姆萨伊赫宣言》（AU，2008），以及最重要的一个——"2063 年愿景——我们想要的非洲"（AU，2014）。

　　各项战略和项目方针的制定为这些政策工具提供了基础，其中包括非洲发展项目新伙伴（NEPAD）、非洲基础设施开发项目（PIDA）和为了社会经济发展及扶贫和脱贫而进行的非洲水资源综合开发等其他项目。

　　以非盟的"2063 年愿景"为例，文件中提到希望建立一个基于包容性增长和可持续发展的繁荣的非洲，尤其为了社会经济发展、地区合作和环境，能对水资源进行公平和可持续地开发与利用，并对其他国家发出如下呼吁：

　　"为年轻人的健康和教育投资，帮助他们掌握技术，给他们创造机会、提供资本，为了解决年轻人的失业和不充分就业而调整战略，支持他们成为非洲复兴的驱动力。在所有的中小学校、专科院校和大学，通过非盟俱乐部的形式鼓励年轻人之间的交流和泛非主义运动。确保加快步伐促进非洲大陆在入学、课程、标准、项目和学历等方面的和谐发展，并进一步提高高等教育标准以到 2025 年加强非洲年轻人才在非洲大陆的流动性。"（AU，2014，第 7 页）

7
阿拉伯地区

联合国西亚经济和社会委员会（UNESCMA）| 卡罗尔·舒沙尼·切芬（Carol Chouchani Cherfane）

本章重点介绍阿拉伯地区依赖水的工作和水行业的工作、在工作场所和家庭中与清洁可用水源相关的情况以及为与水相关的更好的工作提供的教育。

海水淡化厂的过滤器机架
照片来源：© Paul Vinten/Shutterstock.com

7.1 背景

2010年阿拉伯地区人口约为3.48亿，其中约63%处于就业年龄。其中，20%为15～24岁的青年，43%为25～64岁的成年人。根据目前的青年人口增长形势，预计到2050年，成年劳动人口将占全国劳动力的50%，而那时该地区的人口预计将达到6.04亿（UNESCWA，2013a）。2012年，阿拉伯地区人口估计已经增长到了3.64亿。10年前，该地区青年失业率平均为23%，为世界最高（UNESCWA，2013a）。农业生产力低下、旱灾、土地退化和地下水枯竭导致农村收入降低，失业趋势在最近几年进一步恶化。这种现状推动农村人口向城市迁移，非正规居住区扩张，社会动荡加剧。以上压力已成为该地区爆发内乱的诱因。失业和缺水仍是阻碍该地区可持续发展的结构性挑战。

7.2 水行业的就业机会

公共部门是该地区的主要雇主，主要负责提供基本服务，包括供水服务。例如，93%以上的科威特国民在公共部门工作（UNESCWA，2013a）。然而，水行业所提供的职位仍然相对有限。例如，巴林的劳动力为977 812人（UNESCWA，2013a），其中约3 000人（占0.3%）在电力和水管理局从事与水相关的工作❶。与此类似的是，约旦400万劳动力中，估计约7 000人（占0.2%）在约旦河谷管理局工作，负责通过可持续水资源管理支持社会经济发展和环境保护❷。埃及水和废水控股公司拥有超过10万员工，运营600多座设施（UNESCO-UNEVOC，2012），规模十分庞大。这些员工负责为全埃及提供水务服务，但在2010年的5 540万劳动力总人口中，仅占了0.2%。尽管如此，埃及还有成千上万的水资源管理者负责灌溉、水力发电、水质、农业、渔业、法规、研究、政策和跨界水资源的谈判，所以上述数字并不能完全反映全国范围内从事水相关工作的劳动力情况。但是，需要更多技术熟练的人力资源。

政府必须在水的可持续利用和就业目标之间做出艰难的权衡，目前投资提高水资源利用效率和节约保护是比较理想的途径。

供水和卫生部门的就业潜能增长尤为明显。世界卫生组织/联合国儿童基金会供水及卫生联合监测计划（JMP）的数据显示，在阿拉伯地区，大约有5 500万人（占总人口的15%）没有获得改善的饮用水，6 500万人（占总人口的18%）无法获得改善的卫生设施（UNESCWA，2015）。然而，阿拉伯国家不时遭受各种灾难，例如无法获得安全的饮用水（LAS/UNESCWA/ACWUA，2015）、依赖淡化水、无收益水（NRW）损失过高和废水处理不足（UNESCWA，2013b）等。此外，2014—2020年，全球海水淡化市场估计将以8.1%的年复合增长率增长（GWI，2015），包括将在中东地区建立的最大一批工厂。这些将在工程、法律、金融和环境等部门创造相关的配套水相关工作。

7.3 水依赖型工作机会

由于缺水是阿拉伯地区普遍存在的问题，许多部门的职位对水很敏感。该地区近50%的人口生活在农村，很大比例上以正式或非正式形式参与农业生产或相关价值链。因此，该地区水资源短缺、农业生产力弱以及低至30%～40%的低下的灌溉效率（AFED，2011）影响了农村地区就业机会的创造和保留。

正因为如此，一些人认为，未来几十年中，农业劳动力将逐渐减少（Richards和Waterbury，2008；Chaaban，2010）。然而，最近该地区的动荡显现出了政治要求，即需要将支持农业就业作为解决农村和城市二元化问题的手段，确保社会正义。事实上，最近的一份报告呼吁为增加农业就业和提高生活水平而振兴农业部门，并指出，如果追求更具有可持续性的农业实践，能创造1 000万个就业

---

❶ 与巴林电力和水管理局官员的私人通信，2015年1月14日。
❷ 与约旦水利与灌溉部官员的私人通信，2015年1月14日。

机会（AFED，2011）。在国家层面上能看到类似的观点。阿尔及利亚在很大程度上是一个石油经济体，该国采取了特别措施，通过免息贷款、抵消农场债务和新政府采购计划促使农业部门在2009年得到了17％的增长（UN-Habitat，2012年）。尽管埃及高度依赖进口水源，但该国还是在上埃及地区开展了声势浩大的百万费丹（420 000hm²）土地复垦项目。同时，索马里正在挖掘新的水道，为牧民和依赖水的畜牧业提供支持。

我们在旅游部门也观察到了类似的趋势，尽管稀缺的水资源带来重重压力，政府仍继续开发新的设施以增加收入、提高就业。因此，政府必须在水的可持续性和就业目标之间做出艰难的权衡，目前，投资提高水资源利用效率和节约保护是比较理想的途径。

7.4 为体面的工作和健康的劳动力提供的清洁水源

在阿拉伯国家，人们不能获得足够的可靠、方便和价格合理的水资源，这影响了水行业之外的体面工作的创建和维护。我们对选定的阿拉伯国家进行了环境恶化的成本研究，就与水传播的疾病、发病率和儿童死亡率相关的劳动生产力损失进行了评估。例如，2012年，环境恶化给黎巴嫩上利塔尼河流域造成的损失估计占全国GDP的0.5％，其中水资源退化占总损失的7％，包括水量、水传播疾病和水质（根据重要性排列）（SWIM-SM，2014）。

无法获得适当的卫生设施对妇女和年轻女孩的影响特别大，妨碍妇女在不提供社会性别敏感设施（例如区分男女卫生间）的机构中寻求工作。在一些政府部门、运动场所、学校和医院中可以看到这种现象，进一步削弱了妇女和年轻女性在国家就业人数中所占的原本就很低的比重（UNESCWA，2013a）。叙利亚冲突的外溢效应，导致创造新就业机会的压力越来越大，促使约旦政府制定了《2014—2016年国家恢复计划》。该计划旨在为贫困和弱势群体（尤其是妇女和青年）提供就业机会，同时还对水和卫生服务进行大量投资，提高所在社区的能力，从而满足对这些服务不断增加的需求（约旦哈希姆王国，2014）。

7.5 为与水相关的更好的工作提供教育

越来越多的大学设置了水资源管理和工程专业

的第一和第二学位，包括着眼于水安全和可持续发展的课程。合作办学也授予专业学位，如德语约旦

大学于 2009 年开设了水和环境工程专业、约旦大学和科隆应用科学大学联合开设水资源综合管理硕士学位课程、巴林阿拉伯海湾大学可以颁发专业的水资源综合管理证书，而开罗大学从各层面扩充水利工程相关课程。

同时，国际水和卫生设施协会发起，在摩洛哥的国有摩洛哥自来水公司（Office National pour l'Eau Potable，ONEP）和总部设在约旦的阿拉伯地区阿拉伯国家水设施协会（ACWUA）开设了面向水运营人员的培训和认证项目。这些项目针对经理、主管、技术工人和非熟练工人，旨在提高水行业从业人员的技能和引入新技术。

越来越多的研究者涉足与水相关的研究，互为有益的补充，如气候变化、水-能源-粮食的纽带关系、跨界水资源管理以及与海水淡化、热电联产和非传统能源相关的研发。这正在塑造合格的求职者以及潜在的企业家和雇主，他们具有水行业的相关专业知识，为创建与水相关的体面工作提供了更多的机会。

8

亚太地区

联合国亚洲及太平洋经济社会委员会（UNESCAP）| 艾达·卡拉扎汉诺娃（Aida N. Karazhanova）
乔舒亚·古德菲尔德（Joshua Goodfield）、拉姆·蒂瓦瑞（Ram S. Tiwaree）和多诺万·斯托里（Donovan Storey）参与编写
国际劳工组织（ILO）| 洛林·贝比·比利亚科塔（Lurraine Baybay Villacorta）

培训女性水管工（东帝汶）
照片来源：© 澳大利亚国际发展署（AusAID）

　　本章概述了亚洲和太平洋地区的现况，强调在该地区产生依赖水的就业机会的 3 种方法：① 通过改善水利基础设施解决水和卫生设施的差距；② 提高水的利用效率，促进经济增长；③ 超越部门问题的范畴，进行转型，揭示短期、中期和长期的价值和效益。

亚洲和太平洋地区拥有 43 亿人口，占世界人口的 60%（UNESCAP，2014a）。他们创造全球 1/3 的 GDP，对"饥渴"的经济增长有着持续期待，需要确保其能获得安全的用水，以进一步解决收入不平等、贫困和失业问题。

在亚洲和太平洋地区，超过 17 亿人继续在无法获得改善的卫生设施的环境中生活（UNICEF，日期不详）；超过 85% 的未经处理的废水构成了"沉默的灾难"的风险［第 2 届亚太水论坛（APWS），2013a，2013b］，污染了地表水、地下水资源和沿海生态系统（UNESCAP，2010）。随着气候变化不断加剧（UNESCAP，2014b），世界上最近发生的自然灾害中 50% 以上出现在亚太地区，影响着当地的供水基础设施。自 1970 年以来，已报道有 4 000 多起与水有关的灾害，共造成 6 780 亿美元以上的经济损失。在过去的 12 年中，区域内供水和卫生服务的覆盖范围分别增长了 0.5% 和 0.7%，提高了生产力和民生经济（UNESCAP，2014a）。

传统上，水资源管理和重复利用在该地区内创造了就业机会。虽然我们已经在水资源管理部门开展了一些具体的研究，但对那些需要大量用水来完成基本运作和服务的其他部门中依赖水的职位的相关数据，仍掌握得不足（UNDP，2006）。

60%～90% 的水用于农业（UNESCAP，2011）。东南亚地区农业行业的就业率为 39%，南亚和西南亚地区均为 44.5%（ILO，2014c）。通过增加水的获取渠道和提高灌溉用水效率在农业部门创造工作机会的潜力巨大。农业领域先进技术的研究和开发也能为其他行业增加就业机会。

工业和服务业也有潜力创造和支持依赖于水的就业机会，尤其是通过改善用水效率、废水使用和治理污染来实现。

整个地区内大多数推动经济增长的行业，在其生产流程中大部分都要依赖可靠的淡水供应。

仅在东南亚，41% 的劳动力在工业部门就业，21% 在服务行业。在南亚和西南亚，39% 的劳动力在工业部门工作，15% 在服务行业（ILO，2014c）。

在可再生能源领域，水电行业的就业人数所占比例最大。中国在小水电和大型水电领域的从业人员数量（分别为 20.9 万人和 69 万人❶）约为全球相应总数的一半（IRENA，2015）。该地区渔业和水产养殖业从业人数约占世界人口的 10%～12%。自 1990 年以来，渔业和水产养殖业的就业人数增长迅速，全球约 6 000 万个就业岗位中约 84% 分布在亚洲（FAO，2014A）。

该地区创造依赖水的职位的重要响应措施包括：通过改善水利基础设施解决水和卫生设施的差距、提高用水效率为经济发展做出贡献，以及转向具有短期、中期和长期价值和效益的水资源综合管理解决方案。

8.1　通过改善水利基础设施解决水和卫生设施的差距

虽然该地区获得安全水源的情况正在改善，但仍存在差异，特别是在城市地区，不能获得改善的用水的人口占 97%，而在农村地区为 87%（UNESCAP，2014a）。然而，城市中也存在地区差异。在孟加拉国达卡，近 60% 的城市贫民窟缺乏有效的排水设施，面临洪水的威胁（UN-Habitat/UNESCAP，2014）。在这种情况下，可以通过改进设备、提高技术以及制定相应的扶持性政策框架在水行业创造工作机会和辅助性工作机会，创建分散式污水处理系统（DEWATS）（见专栏 8.1）（UNESCAP/UN-Habitat/AIT，2015），这在技术、投资和经营的选择方面更具有灵活性。

印度尼西亚（FAO/湿地国际/格赖夫斯瓦尔德大学，2012）、尼泊尔（UNESCAP，日期不详）和菲律宾（UNESCAP，2012）在努力为农村人口提供了充足的供水和卫生服务方面面临着重重挑战（UNESCAP，2014a）。最近实施的参与式生态高效利用水利基础设施的政策和开展的相关活动，最大限度地提升与水相关服务的价值，优化自然资源

---

❶　译者注：此处为英文原版书所使用的数字。查阅原始文献，怀疑原书引用时出现了错误。原始文献（IRENA，2015）中：小水电行业，全球为 20.9 万从业人员，中国为 12.6 万；大型水电行业，全球约 150 万从业人员，中国约占 45.8%（约为 69 万）。

的使用，尽量减少对生态系统的负面影响。印度尼西亚对 DEWATS 相对较少的投资雇用了更多的印度尼西亚人参与清洁和恢复环境，为泥炭地的环境恢复、改善农村交通和改善农村居民生活做出了贡献（FAO/湿地国际/格赖夫斯瓦尔德大学，2012）。柬埔寨、老挝和越南制定了雨水收集和 DEWATS 政策，恢复退化的河流水质，循环用水并使供水水源多样化，在财务运作和技术运营的过程中创造了许多新的就业机会（UNESCAP/UN-Habitat/AIT，2015）。在越南，公众意识的提高和就业机会的增加，使厕所覆盖率达到 94%（UNICEF/WHO，2008）。菲律宾已经开始采取生态高效的方式建设水资源基础设施（见专栏 8.2）。

专栏 8.1 分散式污水处理系统

分散式污水处理系统（DEWATS）传播协会联合会正在与南亚和西南亚地区合作，改善该地区的水的情况。该组织已创造了相关就业机会，如部门协调员、卫生培训人员、文档专家、项目工程师、能力建设项目助理、城市规划师和高级管理人员，向着在水领域中实现更好的卫生设施而共同努力（印度水门户，日期不详）。

专栏 8.2 菲律宾的生态高效的水利基础设施

2011 年以来，菲律宾以构建生态高效的水利基础设施为理念，开展了小规模的试点项目，采取了独特的方法，如在宿务的绿色学校建设中采用可持续性的设计。其目标是设置一套生态高效的教育课程，着重关注过去与水有关问题中存在的不足。绿色学校让未来的工人知道：应该如何在未来的职业中整合有效和可持续的实践，延长水资源的寿命（UNESCAP，2012）。

8.2 提高用水效率，促进经济增长

在中国 4 000 座水处理厂中，满足水源质量国家标准的不到一半。政府计划在 2011—2015 年的第十二个五年计划期间升级约 2 000 座水厂，并新建 2 358 座日处理能力总计 4 000 万 m³ 的自来水厂，以满足城市化的需求。该计划为建立水处理设备制造厂和水处理厂提供了重大的机遇，可能为水行业带来更多的工作（KPMG，2012）。

该地区的几个国家（如印度尼西亚和马来西亚）采用了一种循序渐进的做法——绿色就业评估方法（ILO，2013d），反映包括水行业在内的多个行业中的绿色就业机会。到 2012 年，这种做法发现了 9 960 个绿色就业机会，其中包括马来西亚水服务行业的情况（见图 8.1）。其中，1 020 人受雇于

图 8.1 东南亚4个国家中通过绿色映射研究预测的与环境相关的核心就业机会（2010—2012年）

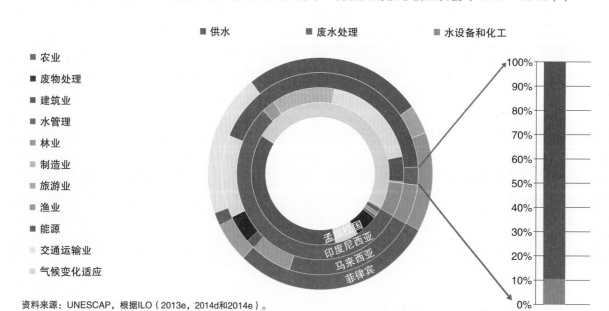

资料来源：UNESCAP，根据ILO（2013e，2014d和2014e）。

水设备和化学品行业，4 120人为废水处理从业人员，4 820人在供水领域工作。通过政策扶持建模，这种方法显示了涉及绿色就业机会的不同行业的政策/措施创造工作岗位的潜力，这些行业的就业增长率高于使用"褐色技术"的行业。马来西亚的水管理部门以向污染物最少的运营模式转变为目标。然而，目前的污水处理厂在水污染中承担 49％的责任，而制造业另外承担了 45％的责任（ILO，2014d）。

8.3 超越部门转型，揭示短期、中期和长期的价值和效益

在规划中采用跨部门、跨学科的方法，展望新的市场机遇，创造更多的就业岗位和收入（Rogers 和 Daines，2014），该地区正在寻求更适合的技术解决方案，从而能够帮助改善水利基础设施，提高工业、农业中的用水效率。我们在东南亚已经看到了一些更明智的决策，他们正在通过水资源综合管理推动经济增长（见专栏 8.3）。

印度的《圣雄甘地国家农村就业保障法案》中的水管理和工资就业计划（使用参与式农村评估方法）在 2009 年和 2010 年为 5 250 万个家庭提供生产性绿色就业岗位。其中水行业在节水、集水、抗旱和灌溉渠道等方面创造了工作机会（ILO，2011b）。

专栏 8.3　越南的"软"干预

为了应对大城市中日益增长的与城市化相关的环境污染挑战，《越南城市污水评论》强调了针对制定水资源综合管理相关的国家战略提出关键性的建议（澳大利亚国际发展署/世界银行，2013），包括能力建设、机构和财务安排的"软干预措施"。在 7 个城市进行的现场实地干预中，310 639户的供水得到改善，并实现了就业。卫生设施的覆盖率高低不等，从 Sa Dec 镇部分地区的 56％到 Thang 镇的近 90％。越南在安装供水和废水工程系统的过程中，90％的工程为当地企业创造了机会，包括生产水泵、管道、处理包、控制系统和设备，以及运营支持（WSP，2012）。

各子区域能否有效管理水资源依赖于国家战略、地方层面的执行计划（UNESCWA，2007），以及公共就业计划（ILO，2014c）。我们还需要通过促进政府和社会资本合作，进一步探索、促进和推广更实际的方案（UNESCAP，日期不详）。这种方案应建立商业案例，赋予社区权力，并创造更多与水有关的工作。政府通过创造一个有利的环境以及设立法律和政策框架，增加与水有关的就业机会，支持可持续用水和水管理，发挥出至关重要的作用。

9 欧洲与北美

联合国欧洲经济委员会（UNECE）| 安努卡·利波宁（Annukka Lipponen）和尼古拉斯·邦瓦森（Nicholas Bonvoisin）

科学家在美国怀俄明州卡斯珀的一家油田开展测量和计算以分析水质
照片来源：© B. Brown / Shutterstock.com

　　本章主要关注欧洲和北美地区，概述水服务、依赖水的经济部门以及水资源监测领域的就业情况，并介绍正在出现的就业机会。

在联合国欧洲经济委员会（UNECE）成员国所在的大部分地区，包括泛欧洲地区和北美地区，氮磷循环管理，包括营养物处理，是一个巨大的挑战（WWAP，2015）。但是，在欧盟，水生态面临的最广泛的压力来自大坝等水利工程对水体造成的水形态改变（EC，2012）。

东欧和中亚地区的供水和卫生基础设施的恶化（比如水质差、未计量的水量比例高等）需要从投资和运营等方面加以改善，这将对就业产生重要影响❶。在欧盟和北美地区，水基础设施体系较为完善，但是老化问题较为严重，因此工程维护维修是工作重点。

高加索和中亚地区的许多国家面临着改革和发展灌溉农业（劳动力密集且用水密集）的挑战❷。在欧盟地区，提高资源利用效率（包括水的利用效率）、为绿色增长提供服务的明确目标就是要从当前的经济危机中可持续地恢复过来，并应对环境面临的压力（EC，2012）。

目前，联合国欧洲经济委员会所在地区已经出现了一些新进展，并对水管理和水服务领域的就业、教育、研究产生了很大影响。表 9.1 按照子地区划分列出了一些实例。在联合国欧洲经济委员会所在的大部分地区，劳动力流动性的增强使推广标准化的、互相承认的专业认证成为当前的发展趋势。

| 表 9.1 | 各子地区水管理、水服务领域就业发展变化趋势 | | |

北美地区	欧盟	东南欧、东欧地区	高加索、中亚地区
自动化和遥感的应用增加。劳动密集型岗位减少，专业性强的岗位增加	《欧盟水框架指令》的实施已经改变了水资源的评估方式，提高了公众咨询、经济学与水质的生物参数的地位 欧盟范围内标准化有助于促进成员国之间的经验交流和劳动力流动	增加对水资源管理和水服务基础设施的投资 重大水利基础设施维修的推迟，导致公众无法从卫生和环境健康改善中获得健康收益 在最近加入欧盟的国家中，《城市污水指令》的实施需要大量投资*	资源减少导致监控基础设施的退化和工作人员的裁撤 改革国家政策、提高使用效率、科技的现代化使有限资源的优化产出成为可能

* 这一进展的出现得益于欧盟的巨额投资支持，2007—2013 年的投资总额达 143 亿欧元（EC，2013a）。

资料来源：UNECE，另见 EC（2012）和 OECD（2007）。

东欧、高加索、中亚以及北美部分地区修缮、更新、新建不同类型的水利基础设施的需求依然巨大。

9.1 水服务领域及依赖水的经济行业的就业状况

在联合国欧洲经济委员会所在地区内，水服务部门是就业岗位的重要提供者。在欧盟，仅水务行业就拥有 9 000 家中小型企业、60 万份直接工作（EC，2012）。最近几十年，供水及废水处理行业的从业人数日益下降，但是员工的受教育程度与专业水平不断上升。在 20 世纪 80 年代中期的芬兰，公共

水厂和污水处理厂的员工人数是 8 500 个；2002 年，这一数字已经降到 5 000 个，到 2011 年更是降到了4 000 个（Katko，2013）。在东欧和中亚地区，每1 000 个连接点需要 9 个员工，远高于世界上表现最佳水厂的水平（＜0.6）（Danilenko 等，2014；基于IBNET 数据库）。在美国，水厂和污水处理厂的就业前景很不错，2012—2020 年从业人数将增长 8%（美国劳工统计局，日期不详）。在法国，"绿色"工作中很大一部分属于和水有关的工作（见专栏 9.1）。

一些国家受到以下问题的严重制约：熟练技术工人不愿到农村地区生活工作（塞尔维亚）、缺乏掌握技能的毕业生（塔吉克斯坦）、人员开销缺乏资金来源（阿塞拜疆）、缺乏人力资源战略（立陶宛）（WHO，2014）。联合国欧洲经济委员会与葡萄牙水服务运营商的合作表明，努力提高员工的意识和技能可以改善水厂及污水处理厂的效能，从而

---

❶ 有关情况的概览，请参见 OECD（2007）。

❷ 除了哈萨克斯坦，中亚国家农业用水占用水总量的比例都在 90% 左右，甚至更高（FAO，2013）。

有助于实现享用饮用水的水权（见专栏12.3）。

　　在中亚和高加索地区，灌溉农业的就业人数很多。在中亚，农业占全国就业的比例在26%（哈萨克斯坦）到53%（塔吉克斯坦）之间（世界银行，日期不详）。农民和农场雇员逐渐老去，而年轻人更愿意从事其他行业的工作。农业工作的低收入更促使了人口迁出农村地区。由于俄罗斯经济不景气，来自中亚的外籍劳工陆续回国，给当地就业带来压力。

　　相比之下，在欧盟，产业化、集约化已经令农业发生了巨大变化，农业从业人数在1 000万左右，占总就业人数的5%。同时，2010年，欧盟经常性参与农业活动的人口为2 500万人。这两个数字之间的差异（除了统计上的不同）主要是由于人们将农业作为一种兼职或者季节性的工作（EC，2013b）。现在，农业越来越追求环境友好，这也意味着农业工作者需要新的技能。因此，态度不同、能力也不同的新一代农民需要外界的支持和帮助。

9.2　水资源监测领域的就业

　　由于现场监控的削减、科技的发展以及人们对生物参数指标的重视，水资源监测领域的就业和能力要求随之发生了变化。

　　尤其是在中亚和高加索地区，苏联解体后监测力度不断削弱。在过去几十年里，一些特定项目的建设令情况稍有改善，但是这些项目的长期可持续性令人担忧（UNECE，2011）。

　　遥感技术在运行监测方面的作用逐渐加大，这填补了一些空白。比如，美国爱达荷州水利局开发了一个基于陆地卫星（LANOSTA）影像的应用系统，用来监测农业中抽取地下水灌溉导致的含水层枯竭。尽管需要一些地面实况数据，计算显示该应用的花费仅是使用能源消耗系数和现场能源记录方法成本的1/10，不足使用流量计方法成本的1/40（Morse等，2008）。

　　关于北美和欧洲的水文监测领域，有数据显示，自2002年起，相关机构水文专家的平均人数一直保持不变，但女性员工的比例有所增加，员工受教育程度也有提升（水信息学，2012）。

9.3　某些新增就业机会的领域

　　可再生能源❶：水电和其他可再生能源仍有发展潜力，尤其是在东南欧、东欧、高加索和中亚地区。许多可再生能源的来源是间断性的，这就需要抽水蓄能系统，从而带来新的就业机会。根据热力和电力市场模型，能源共同体对阿尔巴尼亚、波斯尼亚和黑塞哥维那、克罗地亚、黑山、塞尔维亚（包括科索沃地区❷）以及马其顿实现2020年欧盟可再生能源目标的成本及其他影响进行了分析。除了能够减少二氧化碳排放，这还将增加1万～2.2万个全职工作岗位，主要集中在电力行业。重要的是，随着风力发电和水力发电的发展，还将出现更多的就业岗位（IPA-Energy and Water Economics，2010）❸。

　　水利基础设施的建设、扩大、维修与维护：在东欧、高加索、中亚及北美部分地区，尽管投资有所增加，水利部门改革也改变了相关服务，但是各种水利基础设施维修、更新和建设的需求仍然很大。废水处理产业的投资需求尤其巨大。如果水与卫生基础设施领域投资所必需的资源能够得到满足，将为就业和公共健康带来好处。智能测量、技术与非技术创新、国际同业对标以及私营部门的参与将进一步影响水服务行业的发展。在水利基础设施的其他领域，如果有足够的投资能解决主要河渠之间通航能力差的问题，那么内河运输部门将能够开展更多行动，创造代表经济增长的建筑类岗位（UNECE，2013）。

---

❶　见UNECE（2009）和UNECE（2014a和2014b）。

❷　根据联合国安理会第1244号决议由联合国管理的地区（UNSC，1999）。

❸　就业岗位的实际增加量（损失量）取决于每种发电技术中本地制造所占的百分比。第二产业还将增加间接就业机会。

拉丁美洲和加勒比地区

联合国拉丁美洲和加勒比经济委员会 (UNECLAC)| 安德烈·扎拉夫列夫 (Andrei Jouravlev)
Eurípides Amaya、David Barkin、Andrea Bernal、Mario Buenfil、Caridad Canales、Gonzalo Delacámara、Axel Dourojeanni、Marcelo Gaviño、Daniel Greif、Juan Justo、Terence Lee、Emilio Lentini、Humberto Peña、Franz Rojas、Carlos Serrentino、Miguel Solanes、Claudia Vargas 和 Gabriel Zamorano 提出修改意见

本章着眼于拉丁美洲和加勒比地区，概述了水在该地区经济活动中的重要性，以及该地区为最大限度发挥水在发展和就业方面的作用所做出的种种努力。

巴西和巴拉圭边界巴拉那河伊泰普水电站控制室
照片来源：© Matyas Rehak / Shutterstock.com

拉丁美洲和加勒比地区水资源丰富，但是空间分布差异极大。水资源在地区社会经济发展和创造就业机会方面具有战略性作用。地区经济高度依赖自然资源的开发，特别是采矿业、农业（包括生物燃料）、林业、渔业和旅游业。该地区干旱频发。严重的干旱导致失业明显增加，特别是农村地区。干旱不仅影响农业，还逐渐地影响城市人口、水力发电以及生产过程中使用水的行业（UNECLAC，1987）。

一般而言，与水相关的经济活动的劳动力需求强劲。该地区高度依赖水电，水电占电力生产的60%以上，而世界平均水平不到16%，但该地区依然存在很大的技术开发潜力（74%）（IEA，2014b）。尽管灌溉面积占耕地面积的比例不大（13%），但其取水量占总量的67%（IEA，2014b）。在一些国家（如阿根廷、巴西、智利、墨西哥和秘鲁），灌溉在农业生产中具有重大作用，特别是对出口而言。它为农业人口以及前后关联产业提供了重大就业机会。然而，总体而言，雨养农业占粮食生产（包括生物燃料）和就业的主要部分。就业岗位从农业向服务业转变，而工业就业保持稳定（ILO，2014f）。

大部分国家为外向型经济，高度依赖国际商品价格。从21世纪初开始，旺盛的初级产品（矿物、碳氢化合物和农产品）国际需求推动了宏观经济发展，创造了就业机会。该地区迎来了经济的高速增长，劳动密集型经济增长迅速，就业率提高，正规部门实际工资上涨，社会保障体系覆盖范围增加，失业减少（UNECLAC，2014a）。中、高生产率行业就业岗位快速增加以及劳动正规化进步，提高了就业质量。另外，还推动了家庭消费增加，降低了收入不均。然而，由于受不利的外部条件这一主要因素的影响，从2011年开始，经济增长放缓，劳动力需求减少。

大部分区域出口的产品及相关的就业，是水资源密集型的，或是因为生产过程中使用水（特别是灌溉农业和采矿业、食品业、造纸业、石化和纺织业）、依赖水（如旅游业中的绝大部分，旅游业在该地区一些国家中占GDP的30%），或是将水作为最终产品的主要组成成分（如瓶装水行业在一些国家很重要，主要是因为供水不足、供水覆盖范围小，特别是因为服务质量差）。尽管该地区可供水量占全球总量的1/3，但是，该地区用水强度大以

及对自然资源和国际商品价格的依赖，给经济增长和创造就业带来了重大挑战，如：

• 在干旱地区和半湿润地区，人口密度、城市群以及经济活动极大地影响着用水模式，导致了人口密集地区或者特殊季节时对短缺水资源的激烈竞争、不可持续的用水措施、不仅由污水而且由农业和采矿业带来的日益严重的水污染，以及流域破坏。对就业和创造就业的主要威胁是，这些趋势削弱了经济发展的环境可持续性。气候变化也加剧了水资源面临的压力。其影响在农业、可用水量、森林和生物多样性、沿海地区、旅游业和公共卫生方面已经显现出来（UNECLAC，2014b）。

• 有迹象表明，经济严重依赖自然资源，特别是与低生产率增长相结合，可能会产生对技能水平较低的工人的相对较大需求，降低教育工资溢价，从而阻碍教育事业和技能的发展（UNECLAC，2014c）。

• 大部分国家的水管理机构薄弱，执行能力极其有限，规章和规范很少得到有效执行（Solanes和Jouravlev，2006）。同时，随着收入增加、中产阶层的出现和民主化，人们要求更加重视环境保护、土著居民社群权利和地方公共利益保护。相伴随的是水密集型产品和服务消费的增加。这些因素导致社会环境冲突增加，而大部分冲突和水有关，这些冲突阻碍了许多有利于经济发展和创造就业机会的大型基础设施项目和自然资源开发项目的发展，特别是采矿业项目（Martín和Justo，2015）。

该地区经验表明，要实现水对发展和创造就业贡献的最大化，需要持续关注以下关键要素（Solanes，2007；Solanes和Jouravlev，2006）：

• 建立有力、透明、有效的体制，以开展水资源综合管理，提供水资源服务和卫生服务，从而保护公共利益、提高经济效率；为水资源开发及相关公共事业发展吸引投资提供必要的稳定且灵活的环境。

• 加大自然资源租金的征收力度，确保这些资金对人力资本的投入，包括教育和培训、社会保障、基础设施以及科学技术。此外，需要对开采业收入的稳定、储蓄和投资建立制度化的稳定长效机制，开展对社会环境及与这些行业发展相关的劳动冲突进行管理的制度能力建设。

• 确保公众、利益相关者和决策者能获得准确、客观、可靠、及时的供水和用水信息（包括成

本和效益的大小及分布）。

- 防止水治理被特殊利益集团控制或操纵。
- 改进水规划，根据客观标准对水政策、公共财政资助项目、财政补贴和政府保障的经济、社会、劳动和环境影响进行认真评估。
- 保护水资源的生态完整性和可持续性，包括对环境流量的保护。
- 保证人类基本需求得到满足，包括保护获得水和卫生设施的人权和原住民的权利。

水资源在就业方面发挥的其他重要作用还包括水服务对卫生、劳动生产率和水行业就业的贡献。

在卫生方面，与其他发展中国家相比，该地区饮用水供应和卫生服务的现有水平毫不逊色。继续坚持将这些服务作为公共政策的重点：该地区已完成千年发展目标供水计划，卫生方面与千年发展目标的差距也非常小。目前已经开始着手落实2015年后发展议程，包括水和卫生设施人权的实现。这意味着继续扩大供水和卫生设施覆盖范围，特别是减少农村和城市周边地区的赤字、改善服务质量（特别是饮用水水质控制）和在废水处理方面进行重大投资。这些努力，通过降低发病率和死亡率、减少旷工和旷课、减轻无偿取水的负担——特别是对妇女和女孩而言，增加了可用于工作的时间（Hantke-Domas 和 Jouravlev，2011），对就业做出了重要贡献，包括直接贡献（水和卫生行业内）和间接贡献（在其他经济活动中）。这些努力还促进了社会稳定，并为灌溉农业（特别是外向型农业）、旅游业、沿海和内陆渔业的发展创造了有利条件。此外，这些努力还降低了开展新业务的成本，有助于保持或提高劳动生产率，有助于打入出口市场，在整个经济中创造更多更好的就业机会（见专栏10.1）。

专栏10.1　供水与卫生对经济发展和就业的影响

1991年影响该地区的霍乱疫情，与受20世纪80年代经济危机影响的供水、卫生设施和卫生服务的恶化密切相关。疫情使旅游业、农业、渔业和出口等行业就业遭受严重打击，经济遭受惨重损失。保护进入外部市场的需求是推动城市污水处理重大投资的因素之一。例如，智利前总统曾说过："如果我们继续用污水灌溉，我们的农产品出口（外部市场）将面临严重问题"。其结果是，在过去10年中，该地区的污水处理率翻番，从14%增加到28%。特别是在智利，目前所有城市的污水在排放前都经过处理。许多国家（如阿根廷和秘鲁）正在供水和卫生设施方面进行重大投资。这些投资不仅使公共卫生、生活品质和环境保护受益，对经济和就业也产生了积极影响。例如，污水处理范围扩大预计可以使更多的土地获得干净的灌溉水；水体变清将推动旅游业发展，使用污水灌溉导致的出口风险将会降低；海外市场无公害产品质量将得到提升；出口和旅游业相关就业岗位将会增加。

资料来源：**Jouravlev（2004 和 2015）。**

就业决策受到广泛的政治干扰，仍然是水行业就业的特征。出于政治动机的提名和不必要的人员轮换（特别是管理人员）破坏了效率导向、合格人才保留和技术标准的应用。关键是避免政治性任命和不必要的轮换、管理利益冲突、控制腐败并鼓励专业化。让工作人员摆脱行政法下行政部门的控制，在私法下通过合同雇佣工作人员，一直是为方便灵活操作而采取的举措，特别是在供水部门。这一趋势之所以引起关注，是因为其对责任和效率的矛盾激励存在潜在的负面影响（Bohoslavsky，2011）。成立独立水机构和自治监管机构方面的进展最令人关注（Solanes 和 Jouravlev，2006）。然而，区域经验表明，其有效性取决于一般的政治文化和治理，而不是法律条文。

尽管该地区可供水量占全球总量的1/3，但是，该地区经济高用水密度以及对自然资源和国际商品价格的依赖，给经济增长和创造就业带来了重大挑战。

对水进行投资就是对就业进行投资

世界水评估计划 | 马克·帕坎

凯瑟琳·曼彻斯特和凯瑟琳·科斯格罗夫参与编写

本章强调，对于经济增长、就业和减少不平等，水相关投资是必要的。不进行水相关投资不仅会错失良机，还可能阻碍经济增长和减少就业，导致实际上的就业损失。

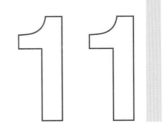

新加坡玛丽娜水坝的大桥，玛丽娜水坝位于玛丽娜海峡口，是政府委托修建的一座大坝
照片来源：©Tristan Tan / Shutterstock.com

对于所有主要类型的生产，水都是至关重要的和普遍的投入。因此，要估计水与经济增长和就业的关系，是极具挑战性的。在各个国家中，与水有关的投资和国民收入、水储量和经济增长都表现出了很强的正相关关系（Sadoff 等，2015）。正如第 1 章所讨论的那样，对水投资是经济增长、就业和减少不平等的必要有利条件。不对水管理进行投资不仅会错失良机，还可能促成负面影响，阻碍经济增长和减少就业，导致实际上的就业损失。

地方投资不足会产生深远的经济影响。例如，泰国 2011 年洪水影响该国主要工业（汽车和电子产品）并对国民经济以及优质全球供应链产生不利影响（Haraguchi and Lall，2014）。在巴西圣保罗，2014—2015 年洪水频发以及严重干旱影响了城市发展并限制了该市在国内和国际市场上的竞争力（Haddad 和 Teixeira，2015）。

无论是从降低风险（如洪水、干旱、疾病）还是增长潜力（例如发展农业、工业或娱乐）的角度看水投资，都需要采取充分利用需求渐增资源的积极政策，才能获得最大回报，特别是考虑到气候变化带来的不确定性。在制定这些政策时，重要的是要记住，为人类造福的水投资可能不一定能转化为国民经济统计数据。例如，改善供水可以将家庭花在取水上的时间转移到更多的生产活动中（见专栏5.2），但是这些收益在非正规经济背景下可能并未得到测算（Sadoff 等，2015）。尽管准确预测项目之外的成本和收益是复杂的，但是，这些估算是最大限度地提高水投资回报的关键。

对与水相关的服务的基础设施及其运营投资，可以在经济增长及直接和间接创造就业机会方面获得高回报。

对与水相关的服务的基础设施及其运营投资，可以在经济增长及直接和间接创造就业机会方面获得高回报（见专栏 11.1）。就水投资直接创造就业而言，其结果与实际情况高度相关，但可能会带来某些显著回报。一项研究表明，在拉丁美洲，向供水和卫生网络扩展投资 10 亿美元，将直接产生 10万个就业岗位（多于向煤炭能源或农村电气化投资相同资金后创造的就业岗位）（Schwartz 等，

2009）。在秘鲁的另一项研究表明，改造过灌溉设施的村庄，雇佣的农业工人比普通村庄多 30%，贫困农民获益更大（IFC，2013）。

专栏 11.1　基础设施项目产生的直接就业

有时，基础设施建设项目，包括水项目，其目的就是为了提高就业。例如，印度的"甘地全国农村就业保障"（MGNREG）计划，为大约 25% 的农村家庭提供工作机会，主要集中在水项目上，如节水和集水、灌溉和防洪、抗旱（印度政府，2012）。

另一个例子是韩国的四大江修复工程，直接投资约 860 亿美元，在经济危机之后创造了数千个水管理方面的就业机会（韩国环境部/韩国环境研究所，2009）。

国际金融公司（IFC）分析国际劳工组织的数据后发现，在发达国家和发展中国家，都有约 1% 的劳动力在水行业工作（Estache 和 Garsous，2012）。水行业工作岗位有时可能只占总就业机会的一小部分，但它们是大量其他工作岗位的先决条件。

正如第 1 章指出的那样，与普及水平较低的类似国家相比，安全的水和改善的卫生设施普及水平较高的贫穷国家，其年 GDP 增长要高得多（SIWI/WHO，2005）。基础设施提高 GDP 增长并减少收入不平等，而将供水纳入分析对于减少不平等特别有效（Calderon 和 Servén，2004 和 2008）。因此，有针对性地对水进行投资可能有助于更有效地实现增长和减贫的目标。

对就业、经济增长和福利而言，水投资收益显著。美国商务部经济分析局发现，地方水和废水行业创造的每个就业岗位为国民经济创造 3.68 个间接就业机会（美国市长大会，2008b）。美国的雨水管理和水质保护需要投资 1 884 亿美元，这一投资可以在经济活动中创造 2 656 亿美元的价值，创造近 190 万个直接和间接就业机会（例如，在提供设备和机械的制造业中），增加费用会产生 56.8 万个额外（诱发）就业机会（Green for All，2011）。此外，对于传统的水基础设施，每 100 万美元投资估计将产生 10～26 个直接、间接和诱发的就业机会（Green for All，2011；太平洋研究院，2013）。

另外，对于可持续水措施投资：每 100 万美元

替代供水投资产生 10～15 个直接、间接和诱发就业机会，每 100 万美元雨水管理投资产生 5～20 个直接、间接和诱发就业机会，每 100 万美元城市节水增效投资产生 12～22 个直接、间接和诱发就业机会，每 100 万美元恢复和整治投资产生 10～72 个直接、间接和诱发就业机会（太平洋研究院，2013）。

从全球卫生角度看，最大的与水相关的挑战之一就是不充分的 WASH（水、环境卫生与个人卫生），全球每年与之相关的经济损失达 2 600 亿美元，很大程度上与时间损失和生产力损失相关（WHO，2012）。解决这些问题代价不菲，但是，供水和卫生设施的投资回报率却是惊人的：对 WASH 投资 1 美元的回报是 3～34 美元，取决于所在地区和所涉及的技术（Hutton 和 Haller，2004）。

对农业投资也有助于缓解失业和减少贫困。农业增长可以使三成最贫困人口增加收入，收入增长比其他行业高 2.5 倍以上（世界银行，2007），同时，农业增长也是沿价值链其他行业创造就业的基础。正如本报告 3.2 节所指出的那样，2014 年，农业部门就业人数大约占全球有效劳动力的 30%，但在撒哈拉沙漠以南的非洲地区占 60%（见表 3.2）。一般情况下，水投资和水政策应该是有关农业前景的更广泛、多部门对话的组成部分，以满足农民和社会的愿望（FAO，2014d），在《农业和粮食系统负责任投资原则》指导下寻求可持续和包容性发展（CFS，2014）。

对于和水有关的投资，获得最大回报高度依赖具体背景，其恰当性取决于众多经济、社会和环境因素及其相对利益和权衡。公私伙伴关系为投资需求提供了可能的解决方案。尽管结果喜忧参半，但是，公私伙伴关系为水行业急需的投资提供了可能，包括灌溉、供水、配水和水处理的基础设施建设和运营。然而，许多发展中国家可能需要国际捐助团体的协助，以促进公私合作并推动相关社会和环境保护措施的纳入（Rodriguez 等，2012）。

流域层面上的水资源战略规划与管理，是可持续经济发展和就业的关键。在这种情况下，我们必须考虑最大限度地创造就业和缓解失业或流离失所的解决方案，以推动经济增长、减少贫困和促进环境可持续性，实施水资源综合管理可能是这其中的一种方式。

由于投资选择、新政策、技术创新以及商业策略转变，转型可能会给特定群体或个人带来负面影响（ILO，2015c）。例如，缺乏防止或减轻粮食短缺和旱灾所需的投资，可能会导致大范围的流离失所，特别是农业人口。为避免水资源短缺或过量的水对该地区产生负面影响，有时林业部门需要减少森林砍伐，从而导致行业裁员。在其他情况下，过度取水会导致资源基础丧失，破坏一个地区的工业（如内陆渔业和水产养殖）并失去相关就业机会。

反过来，通过强制性限水缓解长期干旱对整个人口的影响，也会导致某些经济部门的经济低迷，员工失业。

因此，决策者和规划者要认识到这些潜在影响，并共同努力与各利益相关方进行协商，这是至关重要的。还必须制定措施，协助那些因变化而受到不利影响的人，特别是通过再培训抓住水投资产生的新机遇。

此外，为了使经济和就业的积极结果最大化，有必要与农业、能源和工业等相关部门共同规划水投资。例如，向《2015 碳信息披露项目（CDP）全球水报告》提供信息的公司中，几乎 2/3 的公司报告他们面临水风险，包括水短缺。相反，超过 70% 的提供报告的公司表示，水提供了业务、战略机遇或市场机遇。这表明，涉及水的时候，企业与政府和社区有着共同的利益。这种利益趋同为尤其有利于地方经济和创造就业的协同水投资提供了机遇（CDP，2015）。

12

解决能力提升需求，加强对话

联合国教科文组织水教育学院 (UNESCO-IHE) | 乌塔·魏恩 (Uta Wehn) 和马尔滕·布洛克兰 (Maarten Blokland)
Jack Moss(AquaFed)、Kees Leendertse 和 Damian Indij (Cap-Net UNDP)、Francoise-Nicole Ndoume (WIN)、
Carlos Carrion-Crespo(ILO)、Julie Perkins(GWOPA)、Álvaro Carvalho(ERSAR)和 Chantal Demilecamps (UNECE)
参与编写

汤加泰鲁鲁学院的学生正在使用新的高速宽带网络
照片来源：© Tom Perry / 世界银行

采取适当的政策和措施，可以增强应对水挑战的能力技能，从而创造有利的就业环境。本章将对此进行探讨。

发展中国家在社会经济发展过程中正遭遇越来越多与水有关的挑战。许多国家正在将城市视为实现可持续发展的重点领域。企业的社会效益和环境效益被纳入评价指标，企业在公众压力下以可负担的价格提供优质服务。同时，消费者开始意识到自身应负的责任。我们有必要重新评价水资源综合管理等框架体系，以应对当前面临的复杂形势。此外，我们也需要能力更强大、沟通更顺畅的机构去处理日益复杂的情况。在新技术、数据集、分析工具、大数据等需要不断发展的同时，能力建设以及社会学习是适应不断变化挑战的重要手段（Indij 和 Gumbo，2012）。

12.1 不断变化的能力需求

被雇佣从业者的技能、素质和能力，是实施高效水管理的重要因素，也是实现新科技可持续利用、整合、发展的关键因素（见第 16 章）。拓展某领域的技能尤为重要，比如水资源管理、水利工程建设管理、提供与水相关的服务等（见第 4 章）。举例说明，传统的污水处理以及管网管理技能依然重要，包括管理、化学、自动化、会计、法律、人力资源等领域，但涉及的技能领域在不断扩大，例如生物多样性评估、（食物与能源等的）纽带关系，以及建模、信息和通信技术（ICT）等。基于人权的管理方法、利益相关方的对话机制已成为重要且必需的部分。这些事项在各领域中不断演变，尤其基于惯用法律和实践经验而变得愈加复杂。

此外，为了反映水利的跨领域特性，有必要拓宽课程范围，例如为水利工作者提供能源与农业领域的课程，为科研及工程专业学生提供水资源管理课程等。再者，也要提升水利领域之外（例如农业、能源、健康和人身安全、金融等）的决策者对于涉水挑战的相关意识，认识到这些挑战与各自领域的关系。

除了专业人员的技能、知识和能力之外，在很多国家，组织机构的相关能力仍很缺乏（Wehn 和 Alaerts，2013）。这些能力由多个层面构成：个人、组织、有利的环境及民间团体等。以上层面的能力建设是民众、组织和社会本身的责任（OECD，2006），外部资源在解决能力需求方面也能发挥重要作用，应该与时俱进。

能力不足、涉水挑战加剧，这些都需要设计足够的培训课程，利用创新的授课方式，加强员工的技能以及机构的能力。这适用于政府部门、流域管理机构以及私营机构等。

12.2 解决能力提升需求的方法

国际水协会指出，涉水领域能力提升需求迫切。此需求不再是重复做已做过的事，而是如何通过创新的方式做到效率更高、效果更好。

传统上，员工个人发展的途径一般是实习、实操训练、入职培训、导师引导传授等。网上学习发挥了支持、补充的作用。员工个人发展是必需的，但大部分情况下并不足够。因此，能力提升需要更综合的方法以提升能力的层次。组织机构的能力提升目标是整个组织或系统的提升，可在涉水机构内或机构间进行。

各国各地以公私合营模式运作的大型水务机构已发展出一整套方法、机制，确保知识经验、能力发展的积累，使一个地方的经验技术可在另一地进行分享、移植（见专栏 12.1）。

专栏 12.1　私营机构组织培训的方式

在能力提升项目初期，私营机构通常会展开深度调研，了解培训对象的商业策略、组织结构、运作流程、组织绩效以及员工、管理者等要素。调研结果通常会提示该企业需要安排培训或进行机构改革，以获得必要的绩效提升。这种改革包括改变企业文化、优化关键流程及工作规则、改进工作态度、在工作和管理中运用专业技能以及科学技术等。在与当地监理方及工会进行广泛的协商和谈判的基础上，深入的改革通常需要开展为期数年的管理变革项目。

这些变革项目包括了贯穿整个合约期的专门训练。所有的员工及管理层将接受相应的培训，例如在职培训、课堂教学以及导师教学等。大型私营机构采取国际标准及国际惯常做法，本身具备专家、院校、网络教学等资源，与当地教育机构也有合作，其目标是通过正式的培训计划，使员工获得文凭、证书和专业资格，不断发展员工技能（AquaFed，2015）。

撰稿：Jack Moss（AquaFed）。

水务机构可以通过各种合作形式开展地方、国家以及国际层面的合作。

水务机构可以通过各种合作形式开展地方、国家以及国际层面的合作。合作形式包括了自发性的标杆学习、经验复制以及水务机构的伙伴关系（WOP）（见专栏12.2）。此外，各专业机构组织开展学习、知识分享以及网上研讨会等活动。

专栏 12.2　水务机构的伙伴关系（WOP）

WOP 是水与卫生部门间非盈利性的同业支持机制。WOP 已成为公用事业间越来越常见的机制，目前记录在案的 WOP 已有 200 多个。基于团结一致的伙伴关系，能力较强的单位员工利用其知识和经验帮助有需要的其他单位的员工。对比依靠外部专家完成的技术援助计划，WOP 代表了能力建设的新观念：集中提高当地水与卫生从业人员的能力，这些人员几年后仍会一直为当地居民提供服务。WOP 提升水与卫生从业人员的工作能力以及协作方式。WOP 的伙伴应用一系列的学习工具来提升员工技能，解决技术上和管理上的难题。比一次性完结的课堂教育更进一步，WOP 利用实际的职业培训以及持续的非正式导师教育，帮助员工学习并应用新的技能。除了提升能力，在研究案例里，WOP 也提升了员工士气，使工作环境变得更安全，改善了劳资对话。

撰稿：Julie Perkins（GWOPA）。

在实施机构深度变革时，有必要构建合作网络，获得水领域以外其他机构的支持，包括用水者组织、工会、投资者、国家级核心管理机构等。这种交流可以在地方或国家级单位进行，目的是促进水务改革和高效水资源管理，以扩大所有权和加强信息共享的方式促进就业（参见 Ratnam 和 Tomoda，2005）。各部委间良好的交流和有效的协调（包括政策协调），以及雇主和培训机构更好的沟通，都对打破"教育不足—培训不佳—生产率低下—工资低下"的恶性循环至关重要，并有助于建立起良性循环，使教育质量更高、受众更广，鼓励创意，能够创造数量更多而且质量更好的工作，提升社会凝聚力（ILO，2008）

如今，全世界的水务工作面对全新的跨领域课题，包括了水廉政（见专栏12.3）、基于人权的处理方法、水外交、水经济、性别、科技的应用和规范等。各种课题相互交织，需要应用新的知识，将自然科学、工程学与社会科学整合，联结各个领域，促进各利益相关方的合作。

专栏 12.3　能力建设新课题

促进水廉政

《2025 年非洲水愿景》把不恰当的治理和体制作为人类对于可持续水资源管理的核心威胁，号召对政策、计划以及体制进行根本性改变，采取公开、透明、负责并具有参与性的决策过程。为推广水廉政，西非地区在实施"水廉政能力建设项目"时尝试采取了相应措施。共有 12 个国家参与此项目，包括贝宁、布基纳法索、佛得角、科特迪瓦、冈比亚、利比里亚、马里、尼日尔、塞拉利昂、多哥等。参与者将参加 5 个在此区域举办的地区性研讨会，他们来自各行各业（政府、商界、议会、民间组织、媒体、流域机构等）。在每个研讨会结束时，参与者要起草提交一份全国水廉政行动计划，为国家层面的利益相关者提供补充、完善意见。

在加强水领域的治理能力、打击涉水腐败方面，尤其需要更有力的改革。对岗位和职责的认识不足，导致问责界线不清、程序易受腐败影响。体制分散加大了腐败风险。为有效加强廉政，需要利用综合的方法，打造透明、负责、有参与性、反腐败的有利环境❶。

Francoise-Nicole Ndoume（WIN）根据 UNECA/AU/AFDB（2000）和 UNDP GWF（2014）编写。

---

❶　透明、负责、有参与性、反腐败，英文缩写为 TAPA，是廉政的关键要素。

> **实现水与卫生领域的人权**
>
> UNECE 与葡萄牙水与废弃物服务监管局（ERSAR）合作，改善公平获取水与卫生的权利。该事例表明，对水与卫生管理者进行能力建设，对实现水与卫生领域的人权至关重要。在 2013 年，ERSAR 基于 UNECE-WHO/欧洲水与卫生公约的行动框架，利用评分卡协助对葡萄牙平等获得水与卫生的情况进行了自评。结果显示需大力提高公众意识及相关技能，帮助实现水与卫生领域的人权。ERSAR 正在研究提出有关建议，供葡萄牙水领域人员行使相关权利时参考。同时，ERSAR 也在建立针对水与废水处理相关社会税收的模型，帮助葡萄牙水与废水处理机构制定最合适的征税政策。
>
> 撰稿：Alvaro Carvlho（ERSAR）和 Chatal Demilecamps（UNECE）。

提高民众对水领域工作的认识，提供有吸引力的工作条件，对于防止该领域人才流失非常重要。公开、按需变化、本地化、灵活的网络可吸引新的水领域需要的社会资本投入（见专栏 12.4）。相互倚重的横向关系愈发重要，部分由于 ICT 的兴起。这些方法可促进各国水务机构进行伙伴（个人或组织）间的知识流动，包括非政府组织、私人企业、工会、流域机构、供水企业、社区和大学等。

> **专栏 12.4 Cap-Net：能力建设网络**
>
> 联合国开发计划署 Cap-Net 全球框架十余年的工作经验显示，网络系统为涉水能力建设带来了重要的增加值。
>
> 这一点已经被证明是可行的。这是因为网络系统：①能够建立引入和支持水资源综合管理等复杂途径所必需的多科学知识基础，②将各机构互相分散的各种优势结合成关键的整体，③最大化地使用当地技能，④通过沟通和合作分享知识和专业技能，⑤通过协调和利用各成员的能力、技能和经验扩大能力建设活动的影响。网络系统的决策和操作框架使其有助于使能力建设与资源高效、社会包容、低碳排放的绿色经济基本原则保持一致。
>
> Kees Leendertse 和 Damian Indij（Cap-Net UNDP）根据 Indij 和 Gumbo（2012）编写，Indij 等（2013）。

12.3 水行业内外能力建设的国家战略

尽管在开展能力建设方面已做出了许多努力，但实际上，在各种政府机构、公民社会、私营部门和知识机构间全面加强知识和能力建设依然很具挑战性（Wehn 和 Alaerts，2013）。根据 2013 年的情况，在联合国教科文组织水教育学院举行的各种活动❶的主要成果之一便是提出了"为水行业能力建设制订国家战略"的倡议。国际水协会涉及非洲 15 个国家的《人力资源能力差距报告》对此做出了回应（IWA，2014a）。

这种全行业的能力建设战略有助于确保维持水服务和水资源的知识和技能视需要（即局部地）得到加强，并有助于确保在新系统推广中不再重蹈以往只注重基础设施的覆辙。一些国家（乌干达）已经开始建立和实施这样的战略（见专栏 12.5），而某些国家（印度尼西亚）仅仅刚开始研究这样做的必要性。某些国家（哥伦比亚）（至少原则上）已经将能力建设战略纳入水资源综合管理国家政策中，但是落实这些政策、原则仍然很有挑战性。概念化和实施这种全行业的能力建设战略的过程中，已经开始出现一些经验教训。

除了个人的技能和能力，不同行业中各种机构的能力需求也是水行业这种能力建设战略的重点关注领域之一，商定程序、整合资源后协同努力，对此将大有裨益（见专栏 12.5）。水行业这种针对性很强的能力建设战略构建了一种有用的框架，采取

---

❶ 其中的一项活动是 2013 年 5 月举行的第五届水行业能力建设代尔夫特研讨会及会前举行的一个为期两天的知识和能力建设专家研讨会。

综合一致的办法连贯、协调地提高与水相关的能力 可以将其视作推动水行业内部以及水行业以外相关
和技能。在设计和实施这些战略的过程中，我们还 行为体之间对话的平台。

专栏 12.5   乌干达水和环境行业能力建设的国家战略

为了解决能力建设过程中的不一致、相互交叉、不连贯等问题，在为水和环境行业制订能力建
设国家战略的过程中，乌干达水利和环境部得到了德国开发合作署（GIZ）和其他捐助者的支持。在
若干次咨询、头脑风暴、国家层面的观点评估，以及随后开展的区域性、地区性和地方性磋商的基
础上，乌干达于 2012 年 10 月制订出国家能力建设战略。水和环境行业更好地了解自身的能力需求，
即发挥能力应对需求的更多有效办法和提高有利环境的积极影响的能力，有助于其更好地实现目标、
履行职责，制订国家战略的主要目的也在于此。相应的体制结构到位后，这一战略正在通过利用稀
缺资源加以落实。首先关注的是城市供水和卫生领域，目前正在集中设计组织层面的能力建设方案
的方法和模版。接下来，这一领域的从业人员将测试这些方法和模版，随后将其推广应用到国家能
力建设战略涉及的其他 5 个领域：农村供水和卫生、生产用水、水资源管理、环境和自然资源，以
及气候变化（乌干达政府，2012）。

资料来源：UNESCO-IHE。

提高用水效率和水生产率

联合国环境规划署技术、工业和经济司（UNEP DTIE）| 马伊特·阿尔达亚（Maite Aldaya）和埃莉萨·通达（Elisa Tonda）

萨勒曼·侯赛因（Salman Hussain）和乔伊·金（Joy Kim）（UNEP DTIE）、彼得·舒尔特（Peter Schulte）（太平洋研究院 / CEO 水使命）、拉蒙·利亚马斯（Ramón Llamas）（水观察、博廷基金会）和何塞菲娜·马埃斯图（Josefina Maestu）（UN-DPAC）参与编写

花园种植床中的滴灌系统
照片来源：© Floki / Shutterstock.com

　　本章介绍了提高用水效率和水生产率的重要性，特别关注了城市地区、农村地区和工业。本章还探讨了政策和实践如何提高用水效率和水生产率，以将用水量降至最低并缓解对生态系统的影响，从而为经济社会发展和体面就业创造更好的机会——特别是在水短缺的情况下。

对于不同的经济行业而言，用水效率和水生产率有着细微的差别。一般来说，用水效率指投入的水与某一系统或某项活动的有用的经济产出/产品产量的比值［单位产品用水量（m³）］（UNEP，2012a）。效率提高意味着用更少的水就可以获得等量或者更多的产品和服务。采用这种方法可以在水资源短缺的情况下获得最大效率，同时可以延伸到缺少自然资源、人力资源和资金资源的情况。（GWP，2006）。这一方法涉及4个相互关联的概念：技术效率、生产效率、产品选择效率和分配效率（GWP，2006）。

水生产率指净收益与生产过程中用水量的比值［单位水量（m³）生产的产品］（GWP，2006）。提高水生产率意味着单位水量的收益会提高。如果产出以货币计算，指的就是水的经济生产率（美元/m³）。这也被用来将农业用水与营养、就业、福利、环境联系起来（CAWMA，2007）。

同时提高用水效率和水生产率有助于促进社会经济发展，并在依赖水的行业创造就业和体面工作的机会，特别是在水短缺的情况下（这种情况下，供水可能是发展的一个制约因素）。

从最广泛意义上讲，生产率反映的是这样一种目标：在价值链的每个阶段，在将资源使用或资源退化程度降到最低的同时，生产更多的粮食、获得更多的收入、提供更多的谋生之道和/或获得更高的生态效益。但是，在现实中，我们通常需要在用水效率和生态用水之间做出取舍。如果政策得当，并实施水资源综合管理，这种取舍就会变得不那么重要。理解和考虑水、能源、粮食、生态系统以及恰当范围内其他事项之间的取舍和协同效应，对于明智地管理和实现可持续发展的总体目标至关重要。世界银行近期的一份综述报告（Scheierling等，2014）认为，文献中，大多数针对农业生产率和效率的研究，要么是从实地或者流域层面进行分析，但重点只落在单一的投入因素（水）上；要么就是采用了多因素的方法，但没有从流域层面考虑这些因素。

据估计，到2030年，供水和水需求之间将有40%的缺口，提高用水效率有助于解决这一问题（UNEP，2011d）。提高效率，特别是农业用水效率，可以使大量的水重新分配到其他行业用于其他目的，减少相互竞争的用水户之间的冲突，有助于实现其他发展目标。提高单位水量的生产力，有助

于增大实现经济多元化和经济增长的机会，增加就业，提高收入和改善营养（CAWMA，2007）。不过，如果考虑净影响的话，用水效率和就业之间关系的全球性数据还是缺失的。这类研究大多着眼于将绿色经济作为一个整体（UNEP，2011d，2015）。

资源效率的改进可以提高竞争力、恢复力和安全性，扩大就业机会和增加来源。政府应构建相应的政策框架，实现这种改进，并对其给予支持和奖励。这样做，可以提高效率、促进创新的商业化、改善整个产品寿命周期的水管理，从而帮助不同的组织大幅节省开支。如果国家政策能够基于现有标准设定清晰的目标，制定措施努力实现合理的水定价和补贴改革，对硬件、软件、天然和人工基础设施投资，实施有助于提高效率的财政激励——包括为推广合适技术设立的研发基金，支持政府和社会资本合作，那么就能在合适的范围内采取及时的行动。这类工作大部分依赖私营部门的倡议和投资，只有可预测的、可靠的、安全且有效率的水管理到位后才会出现。然而，私营部门注重短期风险和利润，利益相关者不断增长的预期，加上对保护知识产权的担心，会阻碍资金流向提高资源效率的项目。私营部门期待的是，政府和国际组织能给出可靠的信号，为商业运营创建一个稳健、可预测、连贯、公平且有弹性的框架（UNEP/ILO/IOE/ITUC，2008）。积极参与公共政策进程，与地方社区开展积极合作，有助于缓解价值链上特定背景环境下的危机（CEO水使命，2010）。只有面向共同的水目标和公众利益，这些积极行动才有意义。

同时提高用水效率和水生产率有助于促进社会经济发展，并在依赖水的行业创造就业和体面工作的机会，特别是在水短缺的情况下。

13.1 提高农村地区的用水效率和水生产率

被广泛接受的一点是，效率和生产率的提高可以通过对就业机会和创收的倍增效应对经济的各个层面产生次级效益（CAWMA，2007；UNEP/ILO/IOE/ITUC，2008；UNEP，2011d）。农业效

率的提高可以提升就业质量，但是，也会减少该行业内就业岗位的数量（见 3.4.2 小节）。

在农业领域，大量的研究显示，对灌溉进行投资给经济带来的倍增效应约在 2.5～4 倍之间（CAWMA，2007；Bhattarai 等，2007；Hussain 和 Hanjra，2004；Lipton 等，2003；Huang 等，2006）。对水管理和渠道衬砌、微灌等节水措施进行投资时，需要有相应的劳动力来生产、安装和维护必要的设备（UNEP/ILO/IOE/ITUC，2008）。这可以为农村地区的穷人提供就业机会（CAWMA，2007）。农业产出的提高也会从劳动力数量和雇佣时长两方面刺激农业对劳动力的需求。例如，与附近不使用灌溉系统的农田相比，孟加拉国的恒河-科巴达克（Ganges Kobadak）灌溉系统每英亩农田每年使用劳动力的时间要多出100 天（CAWMA，2007）。提高单位水量产出的价值，特别能增加就业机会、创收、营养和向妇女赋权，对减贫而言十分重要（CAWMA，2007；FAO，2011a；Polak，2003）。采取农业措施和水管理实践增加高潜力地区的粮食产量，制定旨在提高稀缺的水资源的单位价值的战略，降低旱灾的脆弱性，减少水污染和水

分配过程中的损失，综合使用上述措施可以提高单位水量产出价值（CAWMA，2007）（见表 13.1）。

但是，如果制定的政策只是单纯地为了提高本地的用水效率，从流域尺度来看，这可能无意中会增加供水压力，引发回弹效应（WWAP，2015）。如果通过提高用水效率节约下来的水被再次投入到提高生产中去，就会出现回弹效应。因此，虽然生产过程中可能效率更高了，但总用水量并没有减少（WWAP，2015）。西班牙某些地区在农业现代化过程中就出现了这种情况。阿拉贡北部高地从传统的地面灌溉转变为现代化的喷灌系统后，作物的蒸发蒸腾量和非有益性蒸发蒸腾（主要为吹扬和蒸发损失）都变大了（Lecina 等，2010）。这就体现了用水效率的提高是某种情况下反而会导致耗水量上升的。

针对非洲的绿色经济研究揭示，有机农业使用的能源和人工合成的物质（化肥、除草剂、杀虫剂）较少，劳动密集程度更高，可以创造更多的就业岗位。这种把化学物质换成有机物质的做法，中长期来看可以降低对土质的负面影响，能保持更高的生产力（UNEP，2015）（见图 13.1）。

图 13.1　肯尼亚：绿色经济和一切照旧情景下的农业平均产出

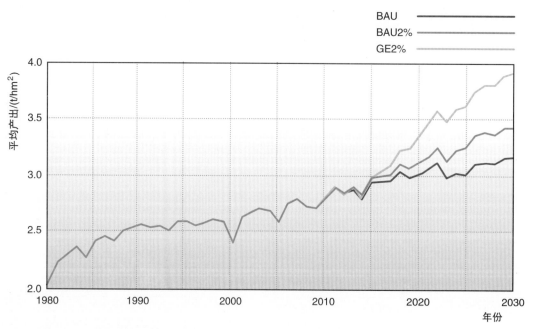

注　各种情景下对2030年前的情况进行了预测。

BAU：“一切照旧”（business-as-usual）的情景。

BAU2%：在一切照旧的情景基础上每年额外投入GDP总量的2%。

GE2%：该情景假定每年在基线的基础上额外投入GDP总量的2%作为绿色投资。

GETS：“绿色经济特定目标”（Green Economy Target Specific）情景旨在弄明白政策制定者能否利用绿色经济干预措施在优先行业实现中、长期目标。

资料来源：UNEP（2015，图11，第31页）。

表 13.1

可能的农业用水管理干预对生产力和就业的影响程度

可能的农业用水管理干预措施	生产/生产力	就业	消费和价格	后向联系和第二轮产出效应	农产品之外的农业产出和就业影响	收入稳定性	营养方面的影响	多种用途	社会经济效用	对环境和健康的影响
1. 新系统										
大范围的公共地面灌溉	高	中等	高	高	高	中等	中等	高	混合的*	混合的*
扩散形式的灌溉：公共或私人运营的系统、地下水等	高	高	中等	中等	中等	高	中等	低	混合的*	混合的*
渔业和水产养殖业	中等	高	低	低	高	高	高	低	中等	高
多用途系统：生产＋、生活＋	低	中等	高	低	低	低	低	低	高	中等
农牧结合	中等	中等	中等	低	高	高	低	高	中等	混合的*
2. 保持生态系统的恢复力	低	低	低	低	中等	低	中等	高	低	高
3. 改善现有的系统										
提高农业用水生产率	中等	中等	中等	高	中等	高	中等	低	混合的*	混合的*
扭转土地退化	中等	低	中等	中等	中等	高	中等	低	低	高
对水质不佳的水资源进行管理	低	低	低	低	低	中等	混合的*	低	混合的*	混合的*
4. 雨水管理	中等	中等	中等	中等	中等	高	中等	中等	高	中等
5. 水政策和水制度	中等	低	低	低	低	中等	低	高	高	中等

* 既有积极影响也有消极影响。

资料来源：CAWMA (2007，表 4.3，第 166～167 页）（经 IWMI 许可复制）。

在农业生产中，将"每滴水产出更多粮食"的概念调整为"每滴水的附加值更高"

单纯地提高单位水量产出的物理价值是不够的。旨在提高农业用水价值的相关政策，不仅要涉及提高产量、将低价值作物转变为高价值作物、将水从低价值行业转移到高价值行业或降低投入的成本，还要优化工作岗位和创造良好环境。例如，这些政策应实现单位水量对生计的支持力度更大（同等数量的水可以创造更多的就业岗位、营养和带来更高的收入），同时还要提高健康效益和农业生态服务的价值（CAWMA，2007）。

为了确保利益可以覆盖到穷人，而不仅是被更强势、更富有的用水户占据，针对性的水干预措施是绝对必要的。这些干预措施可以使穷人和被边缘化的人口获得水并对其进行有效管理（CAWMA，2007；De Stefano 和 Llamas，2013）。

获取水并掌握雨水集蓄或节水灌溉技术等高效用水技术，有助于小农户生产水果、蔬菜等高价值的作物。特别是在降雨少或降雨不规律的地区，加强水土保持和改善集雨结构可以大幅提高"雨水的效率"。补充灌溉和各个层面的本地化节水灌溉技术也可以提高生产率。小额信贷和私人投资对帮助小农户提高效率、摆脱贫困有重要意义。

工业一直对提高用水效率进行投资，因此在创造就业岗位方面发挥着相关作用。

要保证政策和目标之间相互一致而不会彼此削弱，需要建立跨目标和多层次的有效协调机制。创新性的政策和技术对于提高总体的资源生产率和解决社会与环境可持续关联这一挑战而言至关重要（UNEP，2012a）。

13.2 提高城市地区的用水效率和水生产率

在城市地区提高用水效率可以为解决水和就业面临的挑战创造机会。例如，城市地区可以在太阳能、风能、废水处理和回收利用等水密集程度较低的行业创造就业岗位。

成功的关键因素包括（UNEP，2012c）：
- 智能城市物流和空间规划。成功的城市设计的基本要素是采用节能、低碳、环保的建筑材料和基础设施，如干式厕所以及利用太阳能光伏、风能和地热能发电，与此同时还要修复老旧的供水管网和基础设施。
- 智能设计、融资、技术和技能转让和开发。奖励、税收、补贴等价格机制也可以有效地加以利用，以刺激采用绿色技术和绿色进程。利用水表按体积计量收费是刺激高效用水的有效手段（UNEP，2011d）。但价格手段具有局限性，不能将其视作解决问题的终极办法。
- 最大限度地使用淡水。方法之一是将生产过程产生的废水再利用，将其用于另一个对水质要求较低的过程（UNEP，2011d）。还可以对管道供水采取替代办法，如集蓄雨水作为非饮用水。

现代城市废水处理厂
图片来源：© hxdyl/Shutterstock.com

- 提高本地服务供应商的认识并对其开展教育。成功的一个关键因素是当地的水和卫生服务供应商设计合适的工具，用于开展教育和提高认识，在增强政府、商界和民间团体的能力和组织网络以支持创新性措施的同时，支持制度能力建设。
- 参与式治理过程。在做规划和执行项目时，吸纳自下而上的参与式治理过程很重要。在制定水利基础设施框架时，通过社会对话的形式，由工人、经营者和原住民共同确定当地需求（见专栏13.1）。
- 用水户的用水权以及水分配权。正式定义用水权以及将水分配给用水户和环境也是很重要的。有数据显示大部分淡水被用于农业，我们需要考虑城市和农业之间的用水配置效率，也就是说，在某些情况下，城市可以从农户手中购买用水权。

13.3　提高工业用水效率

工业一直对提高用水效率进行投资，因此在创造就业岗位方面发挥着相关作用，通过采用生态创新、更洁净和更安全的生产方式，开发具有可持续性的产品，将其影响从工厂内扩展到供给链（见专栏13.2）。

私营部门在知识、技术、技能的传播和提高用水效率的相关方法的推广方面发挥着重要作用。雀巢公司在越南开展的"农民连接计划"目前惠及12 000多名种植咖啡树的农民。该计划向种植咖啡树的农民提供技术支持和培训，以帮助其提高生产率和保障就业（见专栏13.3）。

新的资源节约型技术以及竞争力和创新能力的提高，在世界范围内改变了就业形势和劳动力情况。废水管理和再利用等新市场的建立以及可再生能源等资源节约型产业链，可以扩大就业。这会在产业链的上下游创造间接就业机会，还会通过增大

需求带来诱发效应（UNEP，2012d）。近期针对8个非洲国家（布基纳法索、埃及、加纳、肯尼亚、毛里求斯、卢旺达、塞内加尔和南非）的研究显示，绿色经济政策会成为新的就业机会的重要来源。对太阳能、风能等用水强度低的项目投资，有助于扩大就业。例如，在塞内加尔，到2035年这些能源项目会创造7 600～30 000个新工作岗位（UNEP，2015）。

在创造就业岗位的同时，循环再利用对降低垃圾填埋的土地需求、降低商品生产和服务中的水和能源消耗以及相应的污染排放有重要作用（见表13.2）。循环再利用预计将有助于创造体面的就业岗位。但是，值得注意的是，在一些国家里，循环再利用行业的工作环境通常又脏又危险（UNEP，2015）。

表 13.2　循环再利用行业就业情况的估测

	国　家	工作岗位数量/万个
整个循环再利用行业	中国	1 000
	美国	110～130
	巴西	50
铝罐回收	巴西	70
电子产品回收	中国	70

资料来源：UNEP/ILO/IOE/ITUC（2008，表 E-S4，第18页）。

促进用水效率和生态创新领域的技术研究与开发可以对其他经济领域产生溢出效应。例如，更加高效的城市污水处理和农业用水模式会对能源领域产生影响（Hardy 等，2012）。

对德国工业领域的宏观经济分析表明，即使只达到现有的材料利用效率潜能的一半水平，也会带来 GDP 增长，并在新业务领域创造就业 ［Stiftung 和 Beys，2005，转引自 UNEP（2011e）］。

专栏 13.3　雀巢公司在越南开展的"农民连接计划"

对雀巢公司的价值

目前，水资源被认为是越南可持续性咖啡树种植活动中最关键的问题。雀巢公司采购了越南出产的罗布斯塔（Robusta）咖啡豆总量的 20％左右，用于其全球范围内的生产活动。高效的用水实践有助于确保供应链的可持续性和可靠性。

对当地社会的价值

雀巢公司与当地其他主要的利益相关者合作，在其农民联盟网络中的 1.2 万名农民中间开展了一些最佳实践，以期得到更广泛的传播和推广。这些最佳实践可以提高用水效率，通过降低与劳动力和能源相关的成本来提高农民的收入，还可以提高作物产量。因此，农民对当地可获得的饮用水的可持续性产生直接的积极影响。

资料来源：雀巢公司（日期不详）。

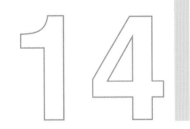

14

就业对水、环境卫生和个人卫生事业的支撑

世界水评估计划 | 马克·帕坎、理查德·康纳

基尔斯滕·德·维特和罗伯特·博斯 (IWA)、阿卡纳·帕特卡和埃米莉·德什谢纳 (WSSCC) 参与编写

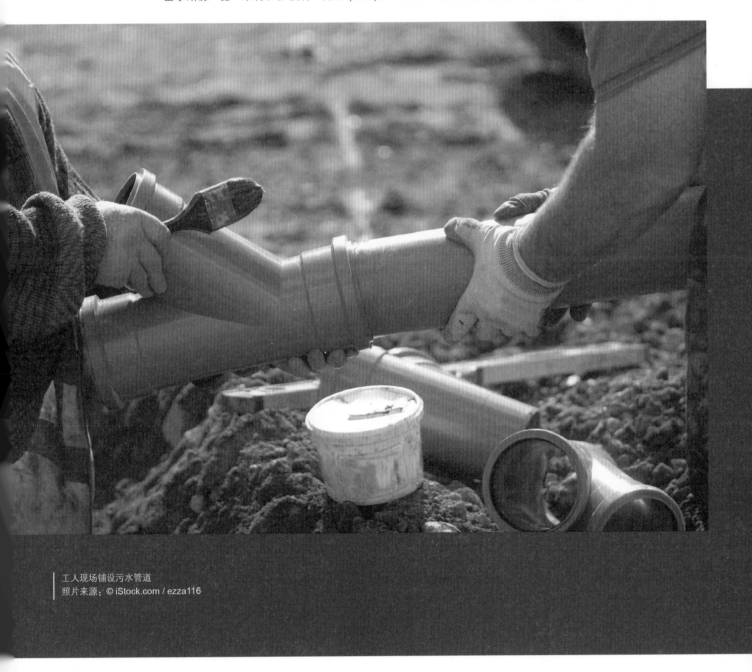

工人现场铺设污水管道
照片来源：© iStock.com / ezza116

　　本章将探讨金融和体制机制，以及创造相关就业和人力资源开发方面的考虑，这些对提高家庭供水、环境卫生和个人卫生的普及率、改善废水管理均十分必要。此外，本章还突出强调了"以人为本"这一理念的重要性。

14.1 提高普及率的金融机制和体制机制

广泛普及水、环境卫生和个人卫生有助于提高生产效率，使人们过上有尊严且平等的生活，创造生计，实现体面就业。这需要建立必要的金融机制和体制机制，加强协调、合作、团结和问责，并提供鼓励投入更多人力资源的激励机制。最终，上述投入将通过个人健康状况得以乐观体现（见第1章、第11章）。

对这些金融和体制机制提供支持的政策框架，需要建立在证据的基础上。可持续发展目标的通过要求各国政府对各自政策框架进行检查和调整，包括与水有关的框架（特别是水、环境卫生和个人卫生）以及人力资源政策和战略。在水、环境卫生和个人卫生领域，这也有利于在相关政策和战略中体现和贯彻获得安全饮用水与卫生设施这一基本人权。

大多数国家缺乏有关水、环境卫生和个人卫生行业人力资源的质量和数量的数据。尽管掌握的数据远远不够，仍可看出该领域人力的匮乏（见4.2节）。从自身利益的角度出发，各国政府无论是独自还是借助外力，都应开展必要研究，强化证据基础，之后再对各项新政策进行整合。根据中低收入国家提供的有限资料推断，新的水、环境卫生和个人卫生政策应满足以下要求：支持资金流动，在向新建基础设施和服务投资、向正在运行和维护的设施投资及其他经常性开支之间取得平衡；突出强调可持续卫生服务（包括城市聚集区分散式污水处理服务）；确保水和卫生领域工作的重点转移到农村和城郊地区的发展。至关重要的是，政策日标和指标必须是可衡量的。

将人作为发展的核心是实现可持续和普遍的水、环境卫生和个人卫生服务的关键。

对创造就业和人力资源开发的意义和影响需要整合到水、环境卫生和个人卫生的相关政策和策略中，并与国家人力资源开发政策进行对接。因此，应当考虑"经济发展的阶段和水平"，妥善处理就业目标与其他经济社会目标之间的关系（ILO，

1964，第1条）。一方面，这将要求我们在各级政府、各部门之间分配人力资源，使其符合我们的需要。因此，我们必须确保，在权力下放的相关政策中需要体现地方层面的决策权（包括问责机制），来规定投入到水、环境卫生和个人卫生领域人力资源的规模和构成。另一方面，人力资源开发需要以明确的标准加以规范，以平衡专业人员、技术人员和熟练工人之间的比例，应对不同技术领域的问题；此外还要有合理招聘政策，将性别平等和非歧视政策纳入考量。

上述变化要求我们本着基于事实、平等、有响应能力的原则对现有资源进行再分配。在大多数低收入国家，资源非常有限，一旦进行了再分配，就必须追加资金，投入到水、环境卫生和个人卫生领域，增加该领域的人力资源。对人力资源的投资应当有助于扩大服务覆盖范围，提高服务水平，应包含激励措施，提高劳动力的稳定性，保障体面的就业，改善部署的灵活性，提高生产率（见专栏14.1）。

专栏 14.1 满足工厂女工经期需求

在孟加拉国，工厂里大约80%的工人为年轻女性。商业社会责任（BSR）机构开展的一项研究表明，60%的女工使用工厂地板上放置的抹布作为月经布。由于这些抹布含有化学成分，又刚刚经过染色，因此经常引起感染，造成73%的女工每月平均6天无法工作。女工们无处购买月经布或卫生巾，也无处进行更换或处理。在计件付工资的情况下，每月旷工6天造成了巨大经济损失，对商业供应链也造成巨大压力。据报道，采取相关措施后，缺勤率下降到了3%，工人和工厂的经济收入都得到大大提高。其他地方的农场、工厂、家庭和办公室可借鉴这一经验。一旦女工的经期安全和需求得到了保障和满足，各国工作和人力资源状况可获得显著改善。

撰稿：Archana Patkar、Emily Deschaine (WSSCC)。

联合国水与卫生人权专门报告员编写的手册为我们提供了指导，可用来确定该项人权的原则、框架，建立相关的融资和司法系统，这在人力资源政策、战略和相关规定中也同样适用（de Albuquerque，2014）。《世界水协会水与卫生人权手册》中就水与卫

生服务设施、运营商、监管者，包括人力资源开发等方面的问题提供了更加详细的指导性说明（IWA，即将出版）。企业人力资源和卫生安全政策与程序应当与政府制定的宏观政策框架相融合，确保其运营有所保障，确保雇员可获得水、环境卫生和个人卫生服务。世界可持续发展商业理事会（WBCSD）的《工作场所水、环境卫生和个人卫生承诺书》是一项可供公司使用的工具，用以保障自身运营与国家立法以及水、环境卫生和个人卫生工作场所最佳做法一致❶。《世界水协会里斯本饮用水供应、卫生设施和废水管理服务公共政策和有效监管章程》规定，监管者应"加强人力资源开发，开展合理的技术和专业培训，以履行基本职能，确保提高饮用水供应、卫生设施和废水管理服务的自主程度"（IWA，2015，第11页）。

机制体制要提供一个框架，以合理管理水、环境卫生和个人卫生领域的人力资源。目前，水与卫生职责涉及多个不同公共部门以及私营部门，在一些中低收入国家，还涉及非正式部门，因此，建立有效的机制体制十分关键。相关职责必须清楚明确，但不能为部门间单打独斗形成温床。应当建立激励机制，加强部门间协调。在公共部门之间，职业安全状况基本良好，但不同层级和职位之间（再）分配人力资源、解决相应需求、应对新出现的问题以及加强社会薄弱环节的相关机制目前还不健全。私营部门往往可以更灵活地调配人员，可通过转变收益、提高覆盖率和服务水平、为员工创造就业机会来加强其对水、环境卫生和个人卫生领域的贡献。

14.2 坚持"以人为本"的理念，加快普及水、环境卫生和个人卫生服务

女性一直以来都是家庭中取水和管理水的主要承担者。

将人作为发展的核心是实现可持续和普遍的水、环境卫生、个人卫生服务的关键。水、环境卫生和个人卫生服务和设施的使用者可就本国水、环

境卫生和个人卫生领域做法是否可被社会接受、是否可承担、技术上是否可行提出意见。要确保可持续性，就必须有社区公众的参与，特别是女性，因为她们在家庭中是水的主要使用者和管理者（UNICEF/WHO，2012）。

必须重视使用者/客户的体验，这是"以人为本"这一理念的核心。为专业和技术人员提供在职培训是另外一个重要方面。水、环境卫生和个人卫生服务提供者应当加大提高人力资源管理的投资，为吸引、招募和留住最合适的专业人员和技术人员做规划。还应确保在工作中为员工提供机会和采取激励措施，使其不断获取新知识，培养新技能，包括获得在跨领域团队中所需的技术。

人力资源的发展很大程度上决定了水、环境卫生和个人卫生服务改善的速度和水平。其中很重要的决定因素便是对年轻从业者、技术人员的教育和培训。能否使更多训练有素的年轻专业人员进入水、环境卫生和个人卫生行业工作，取决于培训课程是否能够解决实际问题、对部门需求具有明确针对性以及是否能够培养跨领域、跨部门工作技能。课程规划须满足水、环境卫生和个人卫生领域的具体需求，并将其反映在课程目标、范围和重点当中。此外还应考虑不同地域在环境、社会和新问题等方面需求的多样化；应当使课程反映水、环境卫生和个人卫生市场的需求，并能够对这些需求的变化做出应对；还应考虑是否具备有资历的教员、设备是否完好等，以便培训顺利开展。

除专业培训外，还应有目的地加大为水、环境卫生和个人卫生领域的工作人员提供技术和职业教育培训（TVET）的力度，以提高其能力。水、环境卫生和个人卫生部门应率先落实这一点，考虑到自身对训练有素的人员的特别需求。

女性一直以来都是家庭中取水和管理水的主要承担者，通常也承担着管理和支付水费的职责。然而，女性往往无法进入这一领域成为其专业和技术力量：15个国家的人力资源评估研究发现，该领域女性员工所占比例平均仅为17%（IWA，2014a）。已有许多资料证明了女性在农村水与卫生设施项目决策方面所发

---

❶ 2015年8月，30家跨国公司签署了世界可持续发展商业理事会发布的水、环境卫生和个人卫生服务（WASH）承诺书，另外，各签署组织正采取具体措施，将各自内部有关卫生、安全和环境（HSE）/可持续性的报告系统与工作场所中WASH的最佳实践相匹配。

挥的积极作用，更多的证据会通过"农村水部门女性专业人员"项目得以体现（IWA，日期不详）。因此，在水、环境卫生和个人卫生项目中应当始终考虑并提供男女平等的机会、开展相关行动（见5.5节）。

创造条件来提高社区参与度非常关键，特别是对农村和城市周边地区而言。然而，不应强行要求社区参与，对于单个社区成员自发参与基础设施建设所产生的机会成本，应当加以考虑。例如，水资源公共事业中扶贫措施经常会推动基础设施建设工作。

现在有证据表明，许多社区有足够的能力采取措施满足需求。世界上很多国家的社区都提出了相应计划，采取不同方式提供水、环境卫生和个人卫生服务。比如，成立中小型企业、建设自助服务水站，或者在社区能够积极参与设施建设的地方，接管资产维护和管理工作（见专栏14.2和专栏14.3）。此类计划经常在官方机制框架之外发挥作用，其提供的岗位可能不能被认为是正式的工作。

专栏 14.2　菲律宾志愿者计划

菲律宾地方政府部门有大量工作人员从事水管理、水保护、家庭和社区卫生、环境卫生实施和与社区动员相关的宣传、信息、交流和推广工作。菲律宾卫生部（DoH）的省、市级办公室有600名卫生官员活跃在以农村为主的省份、3 000多名活跃在以城市为主的省份中。为数众多的志愿者在卫生部的支持下参与此工作，包括镇级卫生工作志愿者群体（约21.2万名）和卫生督察员。

资料来源：IWA（2013）。

专栏 14.3　莫桑比克的小规模私营运营商——Fonctionares Privados do Agua（FPA）

FPA是小规模私营运营商，对钻孔和小型输水管道网进行投资。他们主要活跃在供水管网尚未完全覆盖的城市和城郊地区。20多年来，FPA一直坚持努力满足消费者日益增长的用水需求，特别是在FPA能够起到关键作用的城市地区。对于已经对相关设备和其他资产进行了初步投资的人来说，成为FPA员工也是其重要的谋生手段。

资料来源：USAID-SUWASA（日期不详）。

水源多样化的机会

鸟瞰一家污水处理厂
照片来源：© iStock.com / Mariusz Szczygiel

本章探讨了开发和使用包括废水在内的替代水源，并将其用于生产活动所产生的经济和就业机会，特别是在由于供水有限或 / 且需求过高而承受缺水压力的地区。

15.1 替代性水源

联合国教科文组织国际水文计划｜沃特·伯伊塔尔特、布兰卡·希门尼斯·西斯纳罗斯、阿尼尔·米什拉、西格弗里德·德穆特

水资源短缺或用水竞争激烈的地区所面临的高用水需求催生了使用所谓"非常规水源"❶的必要性，如低产的井水和泉水、雨水、城市路面径流、暴雨洪水和灰水❷等。

目前出现的许多新技术，采用了生物和物理化学领域的最新研究成果，如膜技术。这些新技术有助于推动替代水源的应用。这有利于创造就业，新的就业岗位不仅来自于技术研发（因为这意味着可以小面积集中使用水源培育高收益作物），还来自于中水处理厂的运行和维护。灰水和城市废水的利用、各行业内水的循环利用，正如工业废水的循环利用一样在世界范围内变得愈发普遍。

某些国家市政废水的使用可能占到用水总量的35%（Jimenez Cisneros 和 Asano，2008a）。灌溉用水的回用是最普遍的废水回用措施，尤其是在中国、墨西哥和印度。使用不经处理的废水会对健康造成风险。我们已经掌握一些成本较低的方式消除病原体，对水进行再利用，同时保留营养成分，这对低收入地区农民十分有益（Drechsel 等，2010）。此外还有使用废水造林、将城市废水用于城市周边的园林景观等。

理想状况下，根据用途的不同，废水处理的标准也应有所不同，而非将水处理的标准默认为满足环保要求。有些化合物虽被认为是污染物，比如氮、磷及有机物，但却能够达到农业施肥或者改善土壤质量的效果。例如，在巴西，甘蔗的灌溉用水普遍来源于乙醇蒸馏水，含有大量无毒有机物质。在墨西哥，人们使用墨西哥城未经处理的废水灌溉大约 9 万 hm² 农田，使该地区约 7 万名面临有限就业窘况的农民受益（Jimenez Cisneros 和 Asano，2008a）。在墨西哥城附近的梅斯基塔河谷（Mezquital valley），有废水灌溉的土地的租金是没有废水灌溉的 2~3 倍。

在许多城市，人们对雨水集蓄、屋顶绿化等绿色设施的关注日益凸显。这一转变直接减少了水的消耗，增加并分散了库容，降低了洪水风险，通过使用蒸发冷却法降低了能源消耗，从而改善了城市环境。

新的取水和净水技术可促进新水源的应用，如雾水截留（Vince，2010）、雨水集蓄和脱盐。还有一些较少使用的水源，如季节性河流、小面积地下含水层，也是今后值得探索的领域。

从多样化的水源取水，供给不同的终端使用者，包括内部和外部循环使用，可进一步提高效率且更加智能化。对水资源进行持续监控，结合天气预报系统，可对供水进行更准确的预报。由此，我们可以通过推广临时性低强度用水作业（如常规发电而非水力发电）或者将具有最高经济或社会效益的用水放在更优先的位置等方式影响水需求。目前很多优化自然资源使用的方法，如收益共享机制和生态系统服务评估，都将对设立此类优先事项大有裨益。

新水源的使用将创造很多就业机会，最开始是在研究阶段，因为需要人才来研发新技术和新方法，以促进资源有效利用，刺激各部门经济增长。一旦这些技术投入使用，其操作、监督、维护以及智能系统的调整，均需要人力投入，从而创造新的就业岗位。

很明显，这些新的发展需要工人具备多样化的技术能力。水资源和风险管理对数据的需求将会加大，并从单纯使用静态设施向使用动态、实时控制和基于观测的系统转变。我们要对员工进行培训，使其具备所需的能力，这一点至关重要。

15.2 废水是一种资源

世界水评估计划和国际水协会｜基尔斯滕·德·维特、罗伯特·博斯、马克·帕坎、理查德·康纳

毋庸置疑，用过的水也具有价值。废水中水的含量为 99.5%，这意味着废水中也含有能源（如热能、有机物）和营养成分（如氮、磷），所含的其

---

❶　常规水源一般是指质量高、开发成本低的水源。从历史上看，地表水（河流、湖泊和水库）以及底层土中的浅层淡水为常规水源，海洋、底层土或者河口中的咸水、雨水、灌溉排水、暴雨洪水以及深层地下水为非常规水源（Jiménez Cisneros，2001）。

❷　灰水是指家庭或办公大楼中产生的未经粪便污染的水（如洗漱、厨房洗涤和洗衣用过的水）。

他矿物成分中有些甚至含有稀土 [Meda 等，2012，引自 IWA（2014c）]。为应对环境、经济和生态挑战，回收废水实现资源再利用，在研究和应用层面都获得了极大关注。

目前，人们开展了大量研究，探索从废水中提取资源的新方法，这一点在《资源回收纲要》中体现得尤为明显（IWA，2014c）。有关废水管理的研究有些已经投入实践，包括水的回收、能源生产（如沼气）、提取无机/有机化合物用作肥料、提取稀土和高价值材料等。目前还正在开展研究，研发模型，加大废水在农业生产中的使用，而这在中低收入国家中还只有大城市周边地区才存在，而且停留在不正规、小规模企业的层面上。"卫生设施安全计划"（SSP）是一个新制定的框架，用以规范风险综合评估和管理，提升废水管理水平。这一框架可用于调查和评估相关风险，制定应对措施，优化废水、粪便和灰水在农业和水产养殖领域的安全使用（Stedman，2014）。

在许多发达国家，有很多资源回收的实践案例，而且此类案例现在仍在不断地出现。新加坡在落实其"NEWater"方案方面颇有成效（PUB，日期不详）；加拿大则从城市和工业废水中提取出营养元素，并将其转化为缓慢释放、不污染环境的肥料（水世界，日期不详）。

然而，许多发展中国家的资源回收还未形成规模。很多国家，废水几乎都被直接排放至水体中，严重危害人类和生态系统健康。许多新兴经济体，如中国，已经意识到了废水处理和再利用的紧迫性和重要性，政府也为此投入巨资。此举创造了很多就业机会。对发展中国家来说，低成本、小规模的解决方案更为合适。比如，利用厌氧消化将污泥转化为沼气。

有人曾估计，全球约有 400 万～600 万 hm² 土地（Jiménez Cisneros 和 Asano，2008b；Keraita 等，2008），甚至 2 000 万 hm²（WHO，2006）土地的灌溉用水为未经处理的废水（Drechsel 等，2010）。此类做法不仅可以为经营农场的家庭以及市场上出售产品的人员提供生计，若加以推广和规范，还可在该行业创造大量的就业机会。解决将废水用于农业带来的职业健康问题也需要更多的从事监管和公共卫生的人员。水资源再利用除了在水、农业、公共卫生领域创造就业机会外，还可在研究、农业推广、市场营销和非粮食作物的生产领域

创造就业机会。

尽管如此，为加快创新和加快向资源回收的做法转变，人们将会考虑采取许多重大措施，如将研

究和市场需求结合起来、改变社会的固有思维（如针对直接饮用水的回用）、确保合理的监管和治理、加大对创新的投资力度。这包括在研究和市场需求之间建立联系，改变公众观念（如接受直接饮用水的再利用），确保法规适当且监管到位，解决加快创新进程带来的高投资需求。未经处理或部分处理的农业污水会给公共健康带来危害和风险，但这一问题是可以解决的，前提是通过严厉的法规在整个产业链中推行风险综合评估和管理的办法，从污染源到生产消耗（WHO，2006）。

16

科技创新

联合国教科文组织国际水文计划、联合国教科文组织水教育学院、世界气象组织、国际水文科学协会 | 乌塔·魏恩、沃特·伯伊塔尔特、阿尼尔·米什拉、西格弗里德·德穆特、布兰卡·希门尼斯·西斯内罗斯、莱昂纳多·阿方索 (Leonardo Alfonso)、布鲁斯·斯图尔特、克里斯托夫·屈德内克、克劳迪奥·卡波尼

雨水处理厂
照片来源：© Cylonphoto / Shutterstock.com

本章主要从数量和质量两方面讨论了创新对水管理、水服务、水依赖型工作以及水行业的就业影响。

创新包括科学创新、技术创新（创造新产品、新服务和新工艺流程）以及非技术创新（组织、资金、管理和文化层面）。上述不同形式的创新不断改善水的管理，提高其效率和有效性，同时提高经济效益，创造体面的就业。涉水部门的科学创新和技术创新所提供的机会尤其具有吸引力。技术和非技术创新（即那些具有实际操作性的新发明）正悄悄改变水资源、水服务和水依赖型行业的直接管理。这些创新不仅具有提高效率的潜力，还对水领域和水依赖型行业就业的数量和质量具有重要意义。不仅就业岗位的数量和质量都将改变，工人的技术和能力构成也面临新的要求。我们应充分认识这种影响力，并在政策层面采取合理措施。这一点对发展中国家尤为重要，因为发展中国家的创新可能经常是强制进行的，或者是从国外引进的。这有可能造成创新与本地现有技术无法对接。近来，政策制定者愈发意识到涉水创新的重要性，因为目前的政策和研究议程、国际性论坛正在不断将水创新纳入其中（Wehnand 和 Montalvo，2015），有关部门也正在努力促进相关行动者之间的互动（见专栏 16.1）。

专栏 16.1　加快水创新——案例研究

加拿大安大略

2011 年，安大略省政府启动了"水技术加速工程"（WaterTAP），旨在帮助公司获取所需资源，成功进入水技术市场，主要手段是通过分享知识、吸引投资、创新融资模式等，促进示范推广、商业化和创新水解决方案的采用。WaterTAP 的定位为非盈利组织，目的是全力支撑安大略省成为全球水技术中心。该机构促进了安大略省公共和私营水行业机构的商业合作，由 100 家孵化器、加速器和相关项目构成。在这一"知识-动员"过程中，安大略省水研究机构与大学研究人员、政府部门、城市以及水行业紧密合作。某些特定的水技术群涵盖了沼气的生产，从废水中回收氮，暴雨洪水管理和处理以应对气候变化带来的强降雨事件，埋藏于地下的管线检查、监测和恢复，以及针对实时数据进行收集和处理的"智能"技术。安大略省在获得与水相关的专利方面实力雄厚，在该地区 100 家与水有关的研究机构、300 家创业公司、700 家已成立并开始运营的公司以及 750 多家水和污水处理公司中，水行业占有大约 2.2 万个工作岗位。

欧洲

同欧洲其他创新伙伴关系一样，欧洲水资源创新伙伴关系（EIP Water）由欧盟委员会为加速水资源创新而发起，特别关注那些有助于解决社会挑战的创新，旨在提高欧盟的竞争力，帮助欧盟委员会实现创造就业和刺激经济增长这一首要目标。EIP Water 打算为这些（欧洲内外的）创新创造市场机遇，通过改进和利用现有解决方案移除障碍，启动并推广合作流程，以便在涉及公共和私营部门、非政府组织和公众的水资源领域促成改变和创新。EIP Water 已经于 2013 年 5 月启动，执行主体为涉及多重利益方的志愿行动小组（2015 年有近 30 个小组注册）和 EIP Water 网上平台的网络市场。

非洲城市

VIA Water 由荷兰外交部发起，第一阶段从 2014 年持续到 2017 年，目的是找到创新解决方案，为 7 个非洲国家（贝宁、加纳、肯尼亚、马里、莫桑比克、卢旺达、南苏丹）面临的城市水问题提供解决方案。该机构将研究者、创业者、创新型非政府组织以及有前瞻性的政策制定者联系起来。该机构为小规模创新机构提供资金援助。在供应链启动初期，VIA Water 通过其所属的水资源基金为小规模的创新提供资金支持，为参与 VIA Water 的 7 个国家的各个潜在合作伙伴提供配对服务。通过 VIA Water 的学习社区，该项目分享并丰富了创新过程中所获取的知识。

Uta Wehn（UNESCO-IHE）根据 WaterTap（日期不详）撰写，参见 EIP Water（日期不详）、Viawater（日期不详）。

水领域创新具有高度的多样性。一方面，新技术可能有助于改进现有的方法和流程，提高效率，降低成本。另一方面，有些技术很可能会从根本上改变用水方式。而第二种情况会特别要求在研发方面加大投入。通常，这些技术是我们由"预测-控制"模式向更具适应性和灵活性思路转变的一部分（其特征是自行组织、具有适应性、在不同级别具有异质性等）（Pahl-Wostl等，2011）。

从供水角度看，对水处理的生物和物理化学过程进行改进的空间很大。现有技术费时、耗能，在生产系统及既有环境内应用难度大。同样，水的分配也相当耗能，可通过采用摩擦系数低的材料、智能泵和能源再利用来降低能耗。要提高系统的可靠性，就要使用智能传感网络以及数据处理和控制系统。

从需水角度看，技术上取得突破才能提高工业和农业用水的效率和生产率，才能提高金融和经济效率，将对环境的远期影响降到最低。例如，我们需要培育新的作物品种，使其更加抗旱、节水，使用低质量水源（如咸水）也可存活。工业生产需在水循环和水回用以及低纯度水的使用方面做出创新。对于一些应用来讲，如冷却系统、可再生能源和运输，具有全部使用替代水源的可能性。

对于家庭而言，自20世纪70年代提出环境工程学（该学科也用于应对水问题）以来，卫生设施工程学也被人们所关注。如今环境和卫生设施工程学在技术创新的驱动下不断取得进展，如为贫民窟和临时居所提供智能卫生设施、发生自然和人为灾难后提供的紧急卫生服务、以资源为中心的分散式卫生设施及排泄物管理等。

尽管如此，新技术仍可能改变整个水分配系统的管理方式。智能监测网络，加上强有力的预测和优化运算程序，可能有助于改善水分配，调节供水和需水的时空变化。计算机模型、模拟工具以及其他信息、通信和技术解决方案对预测供水和需水变化十分必要，有助于更加主动地管理水的存储和分配。最后，本地技术和知识对于因地制宜制订解决方案和加深人们的理解（如通过所谓的"市民科学"）也很有必要（Buytaert等，2014）。

事实上，基于信息和通信技术的创新已出现在水安全的许多方面（ADB，2013）。例如，经过改进的洪水和干旱预测系统，降低家庭、工业和城市用水的智能传感器，资产管理，需求管理，水的回用，节能等（见专栏16.2）。

专栏 16.2　信息和通信技术带来的效益

在过去的十年中，信息和通信技术（ICT）触发了许多水资源创新项目，它们能解决水资源领域和依赖水资源的其他领域中的一系列广泛问题。例如，在农业领域，将有关作物和土地特性的遥感信息与高解析度天气预测系统结合，促进了为精确农业服务的数据密集型应用的发展，改善了灌溉水、肥料和其他农用化学品的使用，使其更具针对性。在发展中地区，日益增多的有效天气数据促进了基于天气指数的保险商品的发展，有助于农民采用长期来看回报更高的高风险策略。移动电话技术是迅速接受ICT的一个有说服力的例子，该技术可让农民获取天气预报信息，同时还有市场数据以及疾病控制等有助于改善农业生产活动的信息，以此保障农民生计。

以下案例展示了在ICT帮助下"智能"水资源管理的其他方面，能对工作状况产生影响。但执行这些解决方案要求工作人员具有更高的技能和能力。同时，由于水资源机构的管理效率得到提高，这些方案就意味着失业，但同时可以增加ICT专业人员或精通ICT的水行业专业人员的工作机会。

案例：吸收年轻人从事农业

ICT正在把农业生产从体力消耗大、几乎没有回报、消耗劳动力的工作转变为收益丰厚的工作和体面的收入来源。ICT不仅从整体上改善了农业部门，还改变了使用ICT的年轻人的地位。针对肯尼亚西部地区三个项目（埃尔多雷特、卡卡梅加和基苏木）的最新研究表明，那些将农耕看作最次等收入来源的年轻人现在已经认为农业极有可能是一个回报丰厚的行业。除了能获取最佳的市场价格信息，ICT还能帮助年轻农民获取有关最新农业活动和农业技术（包括灌溉）的资讯，有关害虫和疾病控制的信息，还能与其他农户交流。最早一批将ICT用于农业管理的人获得了家人和团体成员对其技术知识和收入的肯定，这激励了其他人竞相使用ICT。

基于信息和通信技术的进步对供水和需水的许多方面提供支撑。这些进展对与水有关的就业有一定的影响，不管是数量上（即减少某些具有特定技能的员工的数量）以及质量上（如知识、技能和能力，特别是与信息和通信技术相关的技能），从而有可能改变能力"差距"的规模和形式（见第 12 章）。具体而言，与水有关的就业因此会很可能直接集中在具有 STEM（科学、技术、工程和数学）教育背景的人身上，提高水行业从业人员的入门资格。同时，新的工作机会是在研发过程中创造的，针对的是广泛的信息和通信技术专业人员和/或精通信息和通信技术的水行业从业人员，这些人将受益于涉水组织中的新就业机会。

创新可能从数量和质量两方面对水依赖型行业和水行业的就业产生重要影响。

总之，源于水行业或对水行业有益的创新可以破坏或创造就业机会，尽管并不总是结合在一起，影响的也是不同能力水平。需要建立相应的政策机制，以利用相关的研究抓住水行业创新中创造工作岗位的机会，并确保与水相关的创新在产业和推广

的过程中的能力要求能够得到满足。这样的政策也应该解决技术开发和数据源被垄断造成的风险，这可能会扩大发达地区和欠发达地区参与者之间的知识差距。

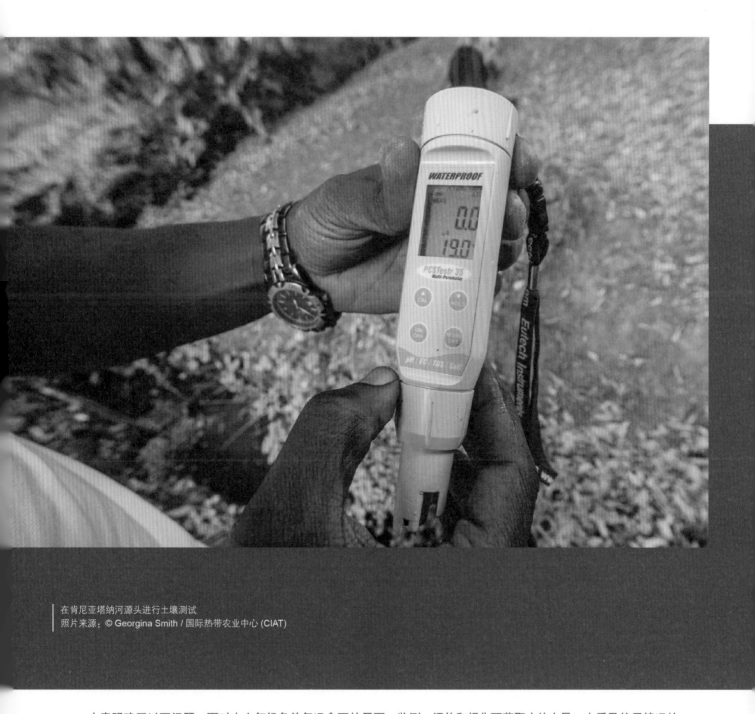

17

监测、评估和报告

世界水评估计划 | 理查德·康纳
国际劳工组织 | 卡洛斯·卡里翁·克雷斯波

在肯尼亚塔纳河源头进行土壤测试
照片来源：© Georgina Smith / 国际热带农业中心 (CIAT)

本章明确了以下问题：面对水文气候条件每况愈下的局面，监测、评估和报告可获取水的水量、水质及使用情况的必要性和机会；监测可持续发展目标落实进展的相关指标；涉水活动和投资的经济成本和收益；跟踪水生产率的改善情况；依赖水资源的经济行业就业数据的变化。

17.1 面临的挑战

对可获得的水量和水资源的使用进行监测是一项艰巨的挑战，因为水资源具有时间和空间上的易变性，所以监测可获取水的水量和水资源状况是一项艰巨的挑战（见 2.1 节）。由于不同行业衡量需水和用水的指标不同，在地区或流域层面，有关水资源客观、可靠的信息，包括水量、水质和脆弱性，很多时候质量很差或十分缺失。全球层面来看，水资源观测和监测网络每况愈下，缺乏资金支持。此外，用来评价耗水量较高的行业（农业、能源、工业和家庭）所使用的传统统计方法不尽如人意，不能达到合理向用户（包括大型灌溉设施、热力发电厂或大型工业设施）分配当地或者流域内水资源的目的。一些地域研究和国家评估很好地呈现了特定时间、特定地点的水资源状况和用水情况，但却无法体现全球不同地区一定时期内水资源各方面的变化。

监测水资源，成本可能十分高昂，往往一遇极端水事件，价值不菲的设施就会随洪水付诸东流。科技进步（如美国国家航空航天局用来跟踪全球地下水变化情况的 GRACE 卫星）推动产生了一些十分可喜的进展（见图 2.6）。然而，即便遥感已被证实是很有用的工具，但它永远无法取代实际观测。

2030 年可持续发展议程设立了专门的水与卫生目标（见 5.2 节），为水资源循环监测工作的开展提供了新的动力。这一专门目标是对千年发展目标饮水与卫生设施目标的扩展，涵盖的水资源范围更加广泛，包括废水处理和水质、水的使用和效率、水资源综合管理、水生态系统等。该发展议程还包括建立有利于水与卫生干预措施的环境，如国际合作、能力建设、社区参与等。

> **当前，私营部门的经济政策制定者和决策者已认识到，水作为一种资源对国民经济有巨大影响。**

很明显，各国对监测自身实现可持续发展目标的进程发挥着关键作用，许多国家需要加大投入力度和加强体制能力建设来开展这一工作。在监测全球水与卫生目标方面，联合国系统借鉴了此前监测千年发展目标的经验，综合了其他现有的水监测机制（包括联合监测方案、联合国水计划全球卫生和饮用水分析和评估报告、全球水资源及农业信息系统、GEMS/Water，以及水资源综合管理报告机制），同时成立新的/经过调整的监测和报告机制，使监测能力得已提升，可以覆盖全部水与卫生可持续发展目标。

可持续发展目标还为我们创造了利用新技术、新思路，改善传统数据收集的质量、频率、规模和可获得性的机会。除了对地球的观测外，我们还通过移动网络、遥感数据、智能仪表和市民科学活动等获得新的数据流，这些都得益于收集和处理信息能力的大大增强。这一"数据革命"的应用体现在健全的天气监测系统上，降低农民在气象灾害面前的脆弱性；体现在早期预警系统上，帮助抵御和适应涉水自然灾害；体现在河流监测的进步上，做出更为明智的放水决策，确保濒危鱼类可洄游到产卵区进行繁殖；体现在灌溉智能仪表上，改善面积较大流域内的水资源分配，特别是在发生干旱等极端天气事件的时候（联合国水计划，2015，第 2 页）。

当前，私营部门的经济政策制定者和决策者已认识到，水作为一种资源对国民经济有巨大影响。诚然，长远来看，水领域的发展对整个经济都有溢出效应（WWAP，2015）。正如第 1 章和第 11 章阐述的，几乎所有关于成本-效益比的数据，如水与卫生普及率、节水方法和技术，都表明水资源领域的发展确实可以降低可持续发展的成本，因而对其具有重要意义。然而，此类信息十分缺失，几乎没有指标去评估对水资源管理进行投资所产生的附加值，也无法衡量在不同部门间分配水资源产生的广泛经济效益。举例来讲，我们需要数据来评估水的生产率，如单位国内生产总值用水量，以此来监测使经济增长摆脱对资源消耗依赖的政策目标的落实情况（WWAP，2012）。

在工作岗位与雇佣方面，几乎没有数据能够反映目前真实的就业状况。通常情况下，最重要的情况被简单化了（往往是由于设定的目标、衡量方法和概念框架），造成了所反映情况具有片面性、细节不充分以及分析不全面等。

最大的挑战之一是收集有关非正式、兼职和/或无偿工作的数据和信息。在发达国家和发展中国家出现的这种就业形势具有相似性，在穷人和边缘人群中趋于最大化，这些人中，女性所占的比例格外高。尽管 3.2 节中有关全球和地区的就业统计是按性别分组的，但这些数据不包括非正式就业，在农业等高度依赖水的行业中，非正式就业人数高达数亿人（见专栏 17.1）。

另一项挑战则是确定任何一项职业"依赖水"的程度。正如 3.3 节所描述的，确定一个行业的水依赖程度比确定一项职业的水依赖程度稍容易一些。实际上，依赖水的行业里不是所有工作都依赖水。

专栏 17.1　农业和粮食行业就业措施的问题和特殊性

农业和粮食行业的就业规模很难衡量。大多数情况下，该行业的就业依靠小农场的非正式自体经营完成，这并不能作为全职就业来源。产出的重要一部分被家庭自己消耗掉，很难估算其实物价值。因此，就业情况按照农场的数据可能被高估，但是按照人口普查的数据则被低估，因为人口普查考虑的是主要职业或者收入来源。这个问题在渔业部门更加尖锐，许多人仅仅是兼职或者季节性捕鱼，而这部分数据通常不会被纳入农业或渔业统计（FAO，2010b）。另一方面，有酬劳的工作常常是非正式和临时的，人们将其作为补充性活动，在人口普查中被低估（世界银行，2007b）。拿酬劳的工人通常是贫穷的农民，因此数据有重叠趋势。最后，农业在食物链的不同行业中创造了许多间接工作，但很少能汇总到一起以便反映粮食行业的就业状况。另一项关键难题则与按照性别、年龄、种族和家庭类型的分组就业数据有关。比如，女性参与农业生产的情况通常会被低估（世界银行，2007b），原因是性别分组数据很有限。尤其在某人想要评估自己获得水和土地资源的数据时，结果更加糟糕。

资料来源：FAO（2010b）。

比如，水资源在农业和电力生产等行业是不可或缺的投入。但就这些行业中工作人员所承担的许多具体工作而言，水资源并不是必不可少的，比如行政或文职工作。迄今为止，还没有对确切职业的"用水强度"进行过研究和比较。

本报告第 18 章就知识增长和推动创新提出了进一步建议，以便根据强劲指标做出决策。

17.2　迎来的机遇

输入－输出（I-O）分析和社会核算矩阵（SAM）明确了不同子行业如何将水资源作为投入进行使用，并在政府增加或改善水供应时，试图量化因此创造的工作。这有助于在获取水和卫生资源以及体面的工作之间建立详细的映射联系，其强调的是相互作用的程度和完整范围，以及反馈效应的重要性。这种方法不仅在国家还是地区层面都可为制定综合的就业政策打造有说服力的案例。另外，还可以利用这种映射来展示乘数效应，这是加强协调的结果。

分析世界投入-产出数据库（WIOD）的数据可获得以下证据：整体经济依赖水的程度，政府增加或改善水供应时能创造多少就业机会；评估水供应和相关行业的向后或向前联系，计算出在某确切行业潜在投资的乘数效应。这些投资具备一些溢出效应，因为投资追求的不仅是将水资源作为国家财富和福祉的组成部分而改善其分布，而且要提高劳工生产率、减少疾病、降低相关成本。

统计系统正朝着测量新"工作"标准、测量不同形式的工作和劳工利用不足的指数方向向前发展（ICLS，2013）。统计系统还应该用于建设依赖水的体面工作的指标。国家统计系统可以将与水资源相关的变量和所有可用/潜在资源数据结合起来（例如，定期/临时/特殊模块），包括人口普查、劳动力调查、家庭收入和支出调查、人口和健康调查等。建立统计基线数据能为政府投资提供动力，促使政府为发展并维护公共水资源系统做出承诺。水资源指标和工作就业指标有共通之处：两者都需要适用于定期开展的国家统计数据收集项目，适用于可比时间序列的生成和分析（哪怕不频繁，如 5 年1 次）。

正如在第 4 章和第 14 章中所讲到的，目前缺失有关水、环境卫生和个人卫生服务人力资源的数据（IWA，2014a）。开展必要的研究（独立开展或者借助外力），填补数据和技术差距将有利于各国政府加强证据基础，从而整合各项新的水、环境卫生和个人卫生政策。因此，这一帮助各国将人力资源/技术/能力建设战略纳入整体连贯的国家水、环境卫生和个人卫生战略的过程可聚焦于需求侧，明确部门价值链、核心岗位、技能要求和跨岗位分析。

政策应对措施

世界水评估计划 | 马克·帕坎、理查德·康纳

在欧洲议会举行的知识学习研讨会
照片来源：© 欧洲议会 Jean-Luc Flemal

作为结论章节，本章总结了报告所阐述的水与就业之间的关系对政策领域的影响。为营造健康的环境，获得可靠的水资源，从而实现可持续发展、健康的经济，为人们提供体面的就业，各国须全面规划、监管和投资（包括但不限于资金方面），确保水资源和生态系统的可持续性；建设水利设施并确保其运行和维护的稳定；制订人力资源规划，培养人才，提高人员能力水平。因此，各国需继续创新，提高知识水平和专业能力。

正如报告中所阐述的,(广义的)水资源管理和就业之间的关系不容忽视,两者密不可分,这在各国各领域发展中都普遍存在。水对于各部门、各行业创造可持续的直接就业岗位至关重要,对于创造间接就业机会也蕴含巨大潜力。

明确和落实与水相关的政策目标、支持可持续发展和就业的政治意愿十分关键。

广义的可持续水资源管理涉及明智的决策和完善的政策,生态系统管理,通过设施建设、运行和维护,乃至家庭、办公室、工厂和田地,最终回到自然环境。安全可靠的供水和合理的卫生设施服务为各经济部门创造就业和发展营造了有利环境,无论是全职工作还是兼职工作,无论需要何种职业技能。因此,必须首先进行长期规划和投资,改善水资源管理、水和卫生服务以及废水管理,才能改善就业机会,创造更大的经济社会效益。

明确和落实与水相关的政策目标、支持可持续发展和就业的政治意愿十分关键。然而,人们通常低估了忽视水问题所引发的风险和影响,而这往往会造成灾难性后果。提高包括政界人士和政策制定者在内所有人群的知识水平,达成共识,帮助其理解水资源、水利基础设施和服务对经济和就业的重要作用,对于促进就业、服务可持续发展大有裨益。

在未来几年实现设定的目标需要各国政府及有关合作伙伴统一思路和目标。在这个过程中,制定相互支持、互补的水、能源、粮食、环境、社会和经济政策对于制定可持续、综合、相辅相成的水、就业和经济战略十分关键。我们所提出的方法可以帮助应对报告中突出强调的存在于水与就业关系中的风险。这样,各种激励措施才能保持连贯一致,将相互间的不良影响降到最低,从而确保了在可能减少就业的部门,失业者们能够重新得到工作岗位。

事实上,为实现经济增长和就业而管理水资源不仅事关资源可用性和资金,还关系到良好、有效且高效的治理。因此,在战略层面为水与就业增加资金和其他资源支持可使各国:

- 确保水资源和生态系统的可持续性;
- 建设、运行和维护水利基础设施;
- 对人员和机构的能力建设做出规划并进行管理;
- 储备知识,推动创新。

18.1 确保水资源和生态系统的可持续性

人口增长和由此产生的家庭用水(饮用水及卫生用水)和生产用水(如能源和粮食)需求增长、城市化、人口结构及消费模式的变化将对水资源、生态系统及相关服务增加额外的压力。这进而要求政府和其他方面在战略上投入时间和精力管理水资源。

为不同经济部门分配水资源,提供水服务,将在很大程度上决定国家和地方各级高质量就业的增长潜力。

投资于可持续性的水资源和生态系统管理是促进经济发展、切实扩大依赖水资源部门就业机会的先决条件,如农业、渔业、林业、能源、工业、旅游业和卫生行业,也可间接为其他部门创造就业。政府机关、水务运营商、工人和用水户之间开展对话交流,有助于因地制宜制订方案、计划和指标,以确保可持续利用和获得水资源。

18.2 建设、运行和维护水利基础设施

充满活力的经济以及由此产生的就业机会,需要依靠有效的水利基础设施。针对建设、运行和维护水利基础设施进行投资并提供配套支持,对于发展可持续经济、创造就业机会十分重要。建设运行水设施,确保人们获得安全可靠的供水和卫生服务,再加上合理的个人卫生措施,对维持健康、受过教育的、精干的劳动力队伍是至关重要的。

因此,政府和利益相关方必须认识到,对水利基础设施进行投资是经济增长的关键,更大规模的、更可靠的供水是农业和其他水资源密集型部门创造就业潜力的先决条件。

18.3　规划、构建和管理从业者的能力

经济活动需要水，也需要有足够数量的技术熟练的工人。正如报告中讨论的，在一些重要领域，人力资源缺口正在扩大，无论数量（如员工老龄化造成的劳动力短缺）或质量（如技能缺失）。这就要求国家制订相关规划，促进与水有关的就业。

通过实施合理的国家就业政策，各国可将经济增长战略与体面（和绿色）的就业机会，以及保持和改进现有工作岗位联系起来。国际社会做出的承诺，尤其是那些有关可持续性（即可持续发展目标）和水与卫生基本人权、体面就业的目标，应引导就业政策的制定。

因为水是经济活动的推动者，可以创造更多更好的就业机会。因此，供水及整个用水过程的有效管理，包括废水管理，应当成为国家就业政策和战略考量的关键因素。以水为重点的就业战略还应从流域/含水层出发，将其作为评估就业前景和权衡各方关系的一种工具。此外，它必须考虑成本与收益、风险与机会，必须认识到水与就业在政治层面的相互关系：权衡短期收益（无论是经济增长还是创造就业机会）与长期亏损（污染、资源的不可持续利用、就业岗位的消失等）。

解决人力资源数量和质量上短缺的方法包括：营造有利的政策环境，在教育部门、雇主（公共、私人和非政府组织）及员工之间建立合作框架；制定激励措施吸引和留住公共部门员工；强化技术和职业培训；关注农村地区人员能力建设。解决人力资源缺口问题时，决策者必须尤其重视青年失业、劳动力老龄化（尤其在水和卫生行业）所引发的各类问题。这会导致劳动力萎缩，使毕业生对水行业工作不感兴趣。

18.4　增加知识储备，推动创新

为了确保政策目标、行动计划和对水与就业的资金投入更具一致性，政府需要增加知识储备，做出明智决策。为此，以下信息十分必要：

* 水资源的可用性和状态（质量和脆弱性）及其变化（季节性和年际间，包括长期气候预测）；
* 水需求和水分配框架，包括不同用水行业（和主要就业领域）的需求和实际使用（和不当使用）情况；

* 获得安全供水和有效卫生服务的可靠程度；
* 现有与水相关的基础设施（融资、运行、维护）的效能（及缺点）以及资源管理、服务交付（供水和卫生设施）和废水管理等方面（当前和未来）的额外需求；
* 水行业正式和非正式就业情况；
* 依赖水的相关活动创造就业的潜力；
* 水、环境卫生和个人卫生及其他行业人力资源状况。

除了对相关数据的收集和分析进行投资外，为了充分挖掘资源的潜力——既包括人力资源也包括水资源，应对可能出现的负面结果，国家要做出改变，改进创新管理，投资研发，从中获益。例如，在不同行业、不同国家共享有限的水资源的情况下，创新能够引领提高水资源的利用效率，推动水分配策略的设计，以获得最大的经济和社会回报，同时提高所有行业的水生产率。用水效率和水生产率方面的创新也有可能降低成本，促进非常规水源的使用。反过来，更高的生产率是通过减贫、降低不稳定就业比例以及发展中国家新兴中产阶级的增长来改善工作质量的一个关键驱动因素。

虽然取得了进展，但我们还需开展更多的研发工作，以达到如下目的：

* 开发、建立和运行新的计算系统，以进行监控、预测、预警以及风险评估和管理；
* 开发数据库和信息系统，进行相关建模；
* 监控：提高分析能力、遥感，扩大生物质量参数的使用，提高水安全，抵御涉水灾害；
* 水与污水服务：智能计量，国际基准，提高私营部门参与度；
* 绿色、灵活、多功能基础设施：为贫民区和非正式住宅区提供智能卫生设施，自然灾害和人为灾害发生后提供紧急卫生服务，基于资源的分散式卫生设施服务和粪便污物管理。

18.5　结论

本报告呼吁国际社会共同做出长期决策，应对影响水与就业纽带关系的种种趋势和相互联系。国际社会已经设定了有关水、卫生设施、体面就业和可持续发展的长期目标，由此指明了前行的道路，也为各国提供了实现发展目标的行动框架。

各国应当根据自身资源禀赋、发展潜力和重点任务，制定并落实有针对性的、连贯一致的政策，

在不引起环境退化、不影响水资源可持续性的前提下，在各行业取得平衡，让体面就业和生产性就业尽可能高地创造产出。

在这方面，将水资源分配给和将水服务提供给不同经济行业，并提高用水效率、水生产率和附加值，将在很大程度上从国家和地方层面影响高质量工作的增长潜力。重点关注与环境可持续发展和创造就业机会相关度最高的经济行业，将是实现成功的根本秘诀。

重新审视水资源综合管理等框架，与这些新出现的复杂因素产生共鸣，也将是很重要的。此外，需要建立更强有力、更好、内部联系更高效的体制以应对不断提升的复杂程度。

为有效地实现这些社会目标和政治目标，就要采取综合的方法，促进诚信、透明、问责、参与和打击腐败制度的形成。建立参与和问责机制，如社区监督、社会或社区审计，同时强调性别平等，就是一种很好的方法，可以确保与水和就业相关行动的开展，以获得可持续的、共同的利益。

参考文献

2030 WRG (2030 World Resources Group). 2009. *Charting our Water Future: Economic Frameworks to Inform Decision-making*. 2030 WRG.

2nd APWS (2nd Asia-Pacific Water Summit). 2013a. *Chiang Mai Declaration: The Second Asia-Pacific Water Summit*. Chiang Mai, Thailand, 20 May 2013. http://apws2013.files.wordpress.com/2013/05/chiang-mai-declaration.pdf

_____. 2013b. *A Summary of Focus Area Sessions*. Chiang Mai, Thailand, 19 May 2013. http://www.waterforum.jp/jp/what_we_do/pages/policy_recommendations/APWF/2nd_APWS/doc/2ndAPWS_Summary_of_FASs_r.pdf

ADB (Asian Development Bank). 2013. *Asian Water Development Outlook 2013: Measuring Water Security in Asia and the Pacific*. Manila, Philippines, ADB. http://www.adb.org/sites/default/files/publication/30190/asian-water-development-outlook-2013.pdf

Adukia, A. 2014. *Sanitation and Education*. Harvard University. http://scholar.harvard.edu/files/adukia/files/adukia_sanitation_and_education.pdf

AfDB/OECD/UNDP (African Development Bank/Organisation for Economic Co-operation and Development/United Nations Development Programme). 2015. *African Economic Outlook 2015: Regional Development and Spatial Inclusion*. Paris, OECD Publishing. http://dx.doi.org/10.1787/aeo-2015-en

AFED (Arab Forum for Environment and Development). 2011. *Green Economy: Sustainable Transition in a Changing Arab World*. Beirut, AFED, p. 61. http://afedonline.org/Report2011/PDF/En/Full-eng.pdf

Alcamo, J., Florke, M. and Marker, M. 2007. Future Long-term Changes in Global Water Resources Driven by Socio-economic and Climatic Changes. *Hydrological Sciences Journal*, 52(2): 247-275.

Alexandratos, N. and Bruinsma, J. 2012. *World Agriculture Towards 2030/2050: The 2012 Revision*. ESA Working Paper No. 12-03. Rome, Food and Agriculture Organization of the United Nations (FAO).

Amarasinghe, U. A. and Smakhtin, V. 2014. *Global Water Demand Projections: Past, Present and Future*. IWMI Research Report No.156. Colombo, International Water Management Institute (IWMI). http://www.iwmi.cgiar.org/Publications/IWMI_Research_Reports/PDF/pub156/rr156.pdf

AquaFed (The International Federation of Private Water Operators). 2015. *Private Operators Delivering Performance for Water Users and Public Authorities: Examples from across the World*. Paris, AquaFed.

Aquatic Informatics. 2014. *Global Hydrological Monitoring Industry Trends*. http://pages.aquaticinformatics.com/Water-Report-IAHS.html

AU (African Union). 2004. Sirte Declaration on the Challenges of Implementing Integrated and Sustainable Development on Agriculture and Water in Africa. Assembly of the African Union Second Extraordinary Session. Sirte, Libya.

_____. 2008. Sharm El-Sheikh Commitments for Accelerating the Achievement of Water and Sanitation Goals in Africa. Sharm El-Sheikh Declaration. Assembly of the African Union Eleventh Ordinary Session, Sharm El-Sheikh, Egypt.

_____. 2014. *Agenda 2063: The Africa We Want*. Addis Ababa, AU.

Australian Aid/World Bank. 2013. *Vietnam Urban Wastewater Review*. Washington, DC, The World Bank. http://www.worldbank.org/content/dam/Worldbank/document/EAP/Vietnam/vn-urbanwastewater-summary-EN-final.pdf

Bel, G., Fageda, X. and Warner, M. E. 2008. *Is Private Production of Public Services Cheaper than Public Production? A Meta-regression Analysis of Solid Waste and Water Services*. Working Papers 2008/04. Barcelona, Spain, Research Institute of Applied Economics, University of Barcelona. www.ub.edu/irea/working_papers/2009/200923.pdf

Bélières, J. F., Bonnal, P., Bosc, P. M., Losch, B., Marzin, J. and Sourisseau, J. M. 2014. *Les agricultures familiales du monde. Définitions, contributions et politiques publiques*. Paris, AFD/CIRAD. (In French.)

Bhattarai, M., Barker, R. and Narayanamoorthy, A. 2007. Who Benefits from Irrigation Development in India? Implication of Irrigation Multipliers for Irrigation Financing. *Irrigation and Drainage*, 5(2-3): 207-225.

Boccaletti, G., Grobbel, M. and Stuchtey, M. R. 2009. The Business Opportunity in Water Conservation. *McKinsey Quarterly*. McKinsey & Company. http://www.mckinsey.com/insights/energy_resources_materials/the_business_opportunity_in_water_conservation

Boelee, E. (ed.). 2011. *Ecosystems for water and food security*. Nairobi/Colombo, United Nations Environment Programme (UNEP)/International Water Management Institute (IWMI). http://www.unep.org/pdf/DEPI-ECOSYSTEMS-FOOD-SECUR.pdf

Bohoslavsky, J. P. 2011. *Fomento de la eficiencia en prestadores sanitarios estatales: la nueva empresa estatal abierta*. United Nations Economic Commission for Latin America and the Caribbean (UNECLAC) LC/W.381. Santiago, United Nations. (In Spanish.) http://www.cepal.org/publicaciones/xml/4/42864/Lcw381e.pdf

Borraz, F., González Pampillon, N. and Olarreaga, M. 2013. *Water Nationalization and Service Quality*. Washington, DC, The World Bank. https://openknowledge.worldbank.org/handle/10986/12180

Buytaert, W., Zulkafli, Z., Grainger, S., Acosta, L., Alemie, T. C., Bastiaensen, J., De Bièvre, B., Bhusal, J., Clark, J., Dewulf, A., Foggin, M., Hannah, D. M., Hergarten, C., Isaeva, A., Karpouzoglou, T., Pandeya, B., Paudel, D., Sharma, K., Steenhuis, T. S., Tilahun, S., Van Hecken, G. and Zhumanova, M. 2014. Citizen Science in Hydrology and Water Resources: Opportunities for Knowledge Generation, Ecosystem Service Management, and Sustainable Development. *Frontiers in Earth Science*, 2:26.

Calderón, C. and Servén, L. 2004. The Effects of Infrastructure Development on Growth and Income Distribution. *Policy Research Working Papers*. Washington, DC, The World Bank. http://dx.doi.org/10.1596/1813-9450-3400

_____. 2008. Infrastructure and Economic Development in Sub-Saharan Africa. *Policy Research Working Papers*. Washington, DC, The World Bank. http://dx.doi.org/10.1596/1813-9450-4712

Catalyst. 2011. The Bottom Line: Corporate Performance and Women's Representation on Boards (2004-2008). http://www.catalyst.org/system/files/the_bottom_line_corporate_performance_and_women's_representation_on_boards_%282004-2008%29.pdf

CAWMA (Comprehensive Assessment of Water Management in Agriculture). 2007. *Water for Food Water for Life: A Comprehensive Assessment of Water Management in Agriculture*, London/Colombo, Earthscan/International Water Management Institute (IWMI). http://www.iwmi.cgiar.org/assessment/Publications/books.htm

CDP (Carbon Disclosure Project). 2014. *From Water Risk to Value Creation: CDP Global Water Report 2014*. London, CDP. https://www.cdp.net/CDPResults/CDP-Global-Water-Report-2014.pdf

_____. 2015. *Accelerating Action: CDP Global Water Report 2015*. CDP Worldwide. https://www.cdp.net/CDPResults/CDP-Global-Water-Report-2015.pdf

CEO Water Mandate. 2010. *Guide to Responsible Business Engagement with Water Policy*. Oakland, USA, United Nations Global Compact/Pacific Institute.

CFS (Committee on World Food Security). 2014. *Principles for Responsible Investment in Agriculture and Food Systems*. CFS Forty-first Session: Making a Difference in Food Security and Nutrition. Rome, Food and Agriculture Organization of the United Nations (FAO). http://www.fao.org/3/a-ml291e.pdf

Chaaban, C. 2010. *Job Creation in the Arab Economies: Navigating Through Difficult Waters*. Arab Human Development Report, Research Paper Series. United Nations Development Programme- Regional Bureau for Arab States (UNDP-RBAS), p.18.

Chuhan-Pole, P., Ferreira, F. H. G., Calderon, C. Christiaensen, L., Evans, D., Kambou, G., Boreux, S., Korman, V., Kubota, M. and Buitano, M. 2015. *Africa's Pulse* 2015. Washington, DC, The World Bank. https://openknowledge.worldbank.org/handle/10986/21736

CILSS (Permanent Interstates Committee for Drought Control in the Sahel). n.d. CILSS website. Burkina Faso, CILSS: http://www.cilss.bf/

De Albuquerque, C. 2014. *Realising the Human Rights to Water and Sanitation: A Handbook by the UN Special Rapporteur*. Lisbon, UN Special Rapporteur on the human right to safe drinking water and sanitation.

De Albuquerque, C. and Roaf, V. 2012. *On the Right Track: Good Practices in Realising the Rights to Water and Sanitation*. UN Special Rapporteur on the human right to safe drinking water and sanitation. http://www.ohchr.org/Documents/Issues/Water/BookonGoodPractices_en.pdf

Danilenko, A., van den Berg, C., Macheve, B. and Moffitt, L. J. 2014. *The IBNET Water Supply and Sanitation Blue Book 2014: The International Benchmarking Network for Water and Sanitation Utilities Databook*. Washington, DC, The World Bank.

Davidova, S. and Thomson, K. 2013. *Family Farming: A Europe and Central Asia Perspective*. Background Report for the Regional Dialogue on Family Farming: Working towards a Strategic Approach to Promote Food Security and Nutrition. Brussels, 1-80 pp.

Davis, B., Winters, P., Carletto, G., Covarrubias, K., Quinones, E., Zezza, A., Stamoulis, K., Bonomi, G. and Di Giuseppe, S. 2007. *Rural Income Generating Activities: A Cross Country Comparison*. Background paper written for the WDR 2008.

De Stefano, L. and Llamas, M. R. 2013. *Water, Agriculture and the Environment in Spain: Can We Square the Circle?* London, Taylor & Francis Group.

Diouf, K., Tabatabai, P., Rudolph, J. and Marx, M. 2014. Diarrhoea Prevalence in Children under Five Years of Age in Rural Burundi: An Assessment of Social and Behavioural Factors at the Household Level. *Global Health Action*, 7. 1-9.

Dobbs, R., Oppenheim, J., Thompson, F. and Zornes, M. 2011. *Resource Revolution: Meeting the World's Energy, Materials, Food and Water Needs*. McKinsey Global Institute, McKinsey & Company. http://www.mckinsey.com/insights/energy_resources_materials/resource_revolution

Döll, P., Jiménez-Cisneros, B. E., Oki, T., Arnell, N. W., Benito, G., Cogley, J. G., Jiang, T., Kundzewicz, Z. W., Mwakalila S. and Nishijima, A., 2014. Integrating Risks of Climate Change into Water Management. *Hydrological Sciences Journal*, 60, 4-13.

Dorin, B., Hourcade, J. and Benoit-Cattin, M. 2013. *A World Without Farmers? The Lewis Path Revisited*. Working Paper No. 47. Paris. Centre International de Recherches sur l'Environnement et le Développement (CIRED).

Dow, K., Carr, E. R., Douma, A., Han, G. and Hallding, K. 2005. *Linking Water Scarcity to Population Movements: from Global Models to Local Perspectives*. Stockholm, Stockholm Environment Institute (SEI).

Drechsel, P., Scott, C. A., Raschid-Sally, L., Redwood, M. and Bahri, A. 2010. *Wastewater Irrigation and Health*. London/Ottawa/Colombo, Earthscan/International Development Research Centre (IDRC)/International Water Management Institute (IWMI).

Ebila, F. 2006. UGANDA: Mainstreaming Gender into Policy: Examining Uganda's Gender Water Strategy. United Nations Department of Economic and Social Affairs (UN DESA), *Gender, Water and Sanitation Case Studies on Best Practices*. New York, United Nations, pp. 88-95. http://www.un.org/waterforlifedecade/pdf/un_gender_water_and_sanitation_case_studies_on_best_practices_2006.pdf

c

d

e

EC (European Commission). 2012. Communication from the Commission to the European Parliament, the Council, the European Economic and Social Committee and the Committee of the Regions: A Blueprint to Safeguard Europe's Water Resources. COM/2012/0673 final. http://eur-lex.europa.eu/legal-content/EN/TXT/?uri=celex:52012DC0673

_____. 2013a. Seventh Report on the Implementation of the Urban Waste Water Treatment Directive, 91/271/EEC. http://eur-lex.europa.eu/legal-content/EN/TXT/?uri=celex:52013DC0574

_____. 2013b. *How Many People Work in Agriculture in the European Union? An Answer Based on EUROSTAT Data Sources.* EU Agricultural Economics Briefs No. 8. European Union (EU). http://ec.europa.eu/agriculture/rural-area-economics/briefs/pdf/08_en.pdf

EEA (European Environmental Agency). 2012. *Towards Efficient Use of Water Resources in Europe.* Report No. 1/2012. Copenhagen, EEA. http://www.eea.europa.eu/publications/towards-efficient-use-of-water

EIP Water (European Innovation Partnership on Water). n.d. EIP Water website. http://www.eip-water.eu

Ercin, A. E. and Hoekstra, A. Y. 2012. *Carbon and Water Footprints: Concepts, Methodologies and Policy Responses.* WWDR4, Side Publication Series No. 04. Paris, United Nations World Water Assessment Programme (WWAP), UNESCO. http://unesdoc.unesco.org/images/0021/002171/217181E.pdf

Estache, A. and Garsous, G. 2012. *The Scope for an Impact of Infrastructure Investments on Jobs in Developing Countries.* IFC Economics Notes. Note 4. Washington, DC, International Finance Corporation (IFC). http://www.ifc.org/wps/wcm/connect/32da92804db7555c8482a4ab7d7326c0/INR+Note+4+-+The+Impact+of+Infrastructure+on+Jobs.pdf?MOD=AJPERES

Evans, B., Bartram, J., Hunter, P., Williams, R. A., Geere, J., Majuru, B., Bates, L., Fisher, M., Overbo, A. and Schmidt, W. 2013. *Public Health and Social Benefits of at-House Water Supplies.* Leeds, UK, University of Leeds. http://r4d.dfid.gov.uk/pdf/outputs/water/61005-DFID_HH_water_supplies_final_report.pdf

Even, M. and Sourisseau, J. 2015. Transformations Agricoles et Agricultures Familiales: Quelques Défis mis en Lumière durant l'Année Internationale de l'Agriculture Familiale. *Cahiers Agricultures,* 24(4): 201-203. (In French.)

Falkenmark, M. 1984. New Ecological Approach to the Water Cycle: Ticket to the Future. *Ambio,* 13(3): 152–160.

Falkenmark, M, and Widstrand, C. 1992. *Population and Water Resources: A Delicate Balance.* Population Bulletin No. 3. Washington, DC, Population Reference Bureau. http://www.ircwash.org/sites/default/files/276-92PO-10997.pdf

FAO (Food and Agriculture Organization of the United Nations). 2003. *Preliminary Review of the Impact of Irrigation on Poverty: With Special Emphasis on Asia.* Rome, FAO.

_____. 2008. *Water and the Rural Poor: Interventions for Improving Livelihoods in sub-Saharan Africa.* Rome, FAO. ftp://ftp.fao.org/docrep/fao/010/i0132e/i0132e.pdf

_____. 2010a. *State of World Fisheries and Aquaculture 2010.* Rome, FAO. http://www.fao.org/docrep/013/i1820e/i1820e00.htm

_____. 2010b. *Mapping Systems and Services for Multiple Uses in Bac Hung Hai Irrigation and Drainage Scheme, Vietnam.* Rome, FAO.

_____. 2011a. *The State of the World's Land and Water Resources for Food and Agriculture: Managing Systems of Risk.* London/Rome, Earthscan/FAO. http://www.fao.org/nr/solaw/solaw-home/en/

_____. 2011b. *The State of Food and Agriculture. Women in Agriculture: Closing the Gender Gap for Development.* Rome, FAO. http://www.fao.org/docrep/013/i2050e/i2050e.pdf

_____. 2012. *Coping with Water Scarcity: An Action Framework for Agriculture and Food Security.* FAO Water Reports No. 38. Rome, FAO. http://www.fao.org/docrep/016/i3015e/i3015e.pdf

_____. 2013. *Irrigation in Central Asia in Figures: AQUASTAT Survey-2012.* FAO Water Report No. 39. Rome, FAO. http://www.fao.org/docrep/018/i3289e/i3289e.pdf

_____. 2014a. *The State of World Fisheries and Aquaculture: Opportunities and Challenges.* Rome, FAO. http://www.fao.org/3/a-i3720e.pdf

_____. 2014b. *The State of Food and Agriculture: Innovation in Family Farming.* Rome, FAO. http://www.fao.org/3/a-i4040e.pdf

_____. 2014c. *Turning Family Farm Activity into Decent Work.* Rome, FAO. http://www.fao.org/fileadmin/user_upload/fao_ilo/pdf/FF_DRE.pdf

_____. 2014d. *Water and the Rural Poor: Interventions for Improving Livelihoods in Asia.* Regional Office for Asia and the Pacific (RAP) Publication No. 8. Bangkok, FAO. http://www.fao.org/3/a-i3705e.pdf

_____. 2014e. *Meeting Farmers' Aspirations in the Context of Green Development.* FAO Regional Conference for Asia and Pacific Thirty-second Session. Ulaanbaatar, Mongolia, FAO. http://www.fao.org/docrep/meeting/030/mj413E.pdf

_____. 2014f. FAO AQUASTAT database. Water Withdrawal by Sector, around 2007. Rome, FAO. http://www.fao.org/nr/water/aquastat/tables/WorldData-Withdrawal_eng.pdf (Accessed in 2015)

_____. 2014g. *The Value of African Fisheries.* FAO Fisheries and Aquaculture Circular No. 1093. Rome, FAO. http://www.fao.org/3/a-i3917e.pdf

_____. 2015a FAO AQUASTAT. http://www.fao.org/nr/water/aquastat/main/index.stm (Accessed in 2015)

_____. 2015b. *Handbook for Monitoring and Evaluation of Child Labour in Agriculture: Measuring the Impacts of Agricultural and Food Security Programmes on Child Labour in Family-based Agriculture*. Guidance Material No. 2. Rome, FAO. http://www.fao.org/3/a-i4630e.pdf

_____. 2015c. FAOSTAT. http://faostat3.fao.org/home/E (Accessed in 2015)

_____. n.d. FAO website. Men and Women in Agriculture: Closing the Gap. http://www.fao.org/sofa/gender/policy-recommendations/en/

FAO/Wetlands International/University of Greifswald. 2012. *Peatlands – Guidance for Climate Change Mitigation through Conservation, Rehabilitation and Sustainable Use*. Mitigation of Climate Change in Agriculture Series No. 5. Rome, FAO/Wetlands International. http://www.fao.org/documents/card/en/c/ec2b1e72-73f8-507c-b1b1-f5b4c6512d21/

FAO/WWC (Food and Agriculture Organization of the United Nations/World Water Council). 2015. *Towards a Water and Food Secure Future: Critical Perspectives for Policy-makers*. White Paper. Rome/Marseille, France, FAO/WWC. http://www.fao.org/3/a-i4560e.pdf

Ferris, J. N. 2000. *An Analysis of the Importance of Agriculture and the Food Sector to the Michigan Economy*. Department of Agricultural Economics, Michigan State University. http://ageconsearch.umn.edu/bitstream/11793/1/sp00-11.pdf

Foodtank. 2014. Foodtank website. Going Against the Grain to Use Less Water: Rice Farmers Experiment with Direct-Seeded Rice. http://foodtank.com/news/2014/03/going-against-the-grain-to-use-less-water-rice-farmers-experiment-with-dire

Forslund, A., Renöfält, B. M., Maijer, K., Krchnak, K., Cross, K., Smith, M., McClain, M., Davidson, S., Barchiesi, S. and Farrell, T. 2009. *Securing Water for Ecosystems and Human Well-being: The Importance of Environmental Flows*. Swedish Water House Report No. 24. Stockholm, Stockholm Water House (SWH). http://www.siwi.org/publications/securing-water-for-ecosystems-and-human-well-being-the-importance-of-environmental-flows/

French Ministry of Ecology, Sustainable Development and Energy. 2010. *Comprendre l'Emploi dans l'Économie Verte par l'Analyse des Métiers*. General Commissary of Sustainable Development, Service of Observation and Statistics. Le Point sur 188. (In French.) http://www.statistiques.developpement-durable.gouv.fr/fileadmin/documents/Produits_editoriaux/Publications/Le_Point_Sur/2014/lps-188-emploi-economie-verte-b.pdf

Geere, J. L., Hunter, P. R. and Jaglas, P. 2010a. Domestic Water Carrying and its Implications for Health: A Review and Mixed Methods Pilot Study in Limpopo Province, South Africa. *Environmental Health*, 9:13.

Geere, J. L., Mokoena, M. M., Jaglas, P., Poland, F. and Hartley, S. 2010b. How Do Children Perceive Health to Be Affected by Domestic Water Carrying? Qualitative Findings from a Mixed Methods Study in Rural South Africa. *Child Care, Health Development*, 36(6): 818-826.

Gore, T., Ozdemiroglu, E., Eadson, W., Gianferrara, E. and Phang, Z. 2013. *Green Infrastructure's Contribution to Economic Growth: A Review*. UK, Defra and Natural England.

Government of India. 2012. *Mgnrega Sameeksha: An Anthology of Research Studies on the Mahatma Gandhi National Rural Employment Guarantee Act, 2005, 2006-2012*. New Delhi, Orient Black Swan.

Government of Uganda. 2012. UGANDA Water and Environment Sector Capacity Development Strategy 2013-2018. Kampala, Ministry for Water and Environment (MWE), Government of Uganda.

Green For All. 2011. *Water Works: Rebuilding Infrastructure, Creating Jobs, Greening the Environment*. Oakland, USA, Green for All. http://gfa.fchq.ca/wordpress/wp-content/uploads/2012/07/Green-for-All-Water-Works.pdf

Grobicki, A. 2007. *The Future of Water Use in Industry*. UNIDO Technology Foresight Summit, Budapest, Hungary, September 2007.

GSS (Ghana Statistical Services). 2012. *2011 Ghana's Economic Performance: In Figures. Expound on basis of National Accounts (new series) and selected economic indicators*. Accra, GSS. http://www.statsghana.gov.gh/docfiles/GDP/EconomicPerformance_2011.pdf

Guha-Sapir, D., Hoyois, P. and Below, R. 2014. *Annual Disaster Statistical Review 2013: The Numbers and Trends*. Brussels, Centre for Research on the Epidemiology of Disasters (CRED), Institute of Health and Society (IRSS), Université Catholique de Louvain.

GWI (Global Water Intelligence). 2015. Getting Ready for the Desal Rebound: Urbanisation, Climate Change and a Drop in the Cost of Energy are Set to Spur a Rebirth of the Flagging Desal Market. *Global Water Intelligence Magazine*, Vol. 16, No. 4. http://www.globalwaterintel.com/global-water-intelligence-magazine/16/4/market-profile/getting-ready-desal-rebound

GWP (Global Water Partnership). 2006. *Taking an Integrated Approach to Improving Water Efficiency*. Technical Committee (TEC). Technical Brief No. 4.

GWTF (Inter-agency Task Force on Gender and Water). 2006. *Gender, Water and Sanitation: A Policy Brief*. UN-Water/Interagency Network on Women and Gender Equality (IANWGE). http://www.unwater.org/downloads/unwpolbrief230606.pdf

Haddad, E. A. and Teixeira, E. 2015. Economic Impacts of Natural Disasters in Megacities: The Case of Floods in São Paulo, Brazil. *Habitat International*, 45:106-113.

Hantke-Domas, M. and Jouravlev, A. 2011. *Lineamientos de política pública para el sector de agua potable y saneamiento*. United Nations Economic Commission for Latin America and the Caribbean (UNECLAC). LC/W.400, Santiago, United Nations. (In Spanish.) http://repositorio.cepal.org/bitstream/handle/11362/3863/S2011000_es.pdf

Haraguchi, M. and Lall, U. 2014. Flood Risks and Impacts: A Case Study of Thailand's Floods in 2011 and Research Questions for Supply Chain Decision Making. *International Journal of Disaster Risk Reduction*.

g

h

Hardy. L., Garrido, A. and Juana, L. 2012. Evaluation of Spain's Water-Energy Nexus. *International Journal of Water Resources Development*, 28 (1): 151-170.

HLPE (High Level Panel on Food Security and Nutrition). 2013. *Investing in Smallholder Agriculture for Food Security. A Report by the High Level Panel of Experts on Food Security and Nutrition of the Committee on World Food Security.* HLPE Report No. 6. Rome.

_____. 2015. *Water for Food Security and Nutrition. A Report by the High Level Panel of Experts on Food Security and Nutrition of the Committee on World Food Security.* HPLE Report No. 9. Rome.

Hoy, D., Geere, J., Davatchi, F., Meggitt, B. and Barrero, L. 2014. A Time for Action: Opportunities for Preventing the Growing Burden and Disability from Musculoskeletal Conditions in Low- and middle-income Countries. *Best Practice and Research in Clinical Rheumatology*, 28 (3):377-93.

Huang, Q., Rozelle, S., Lohmar, B., Huang, J. and Wang, J. 2006. Irrigation, Agricultural Performance and Poverty Reduction in China. *Food Policy*, 31 (1): 30–52.

Hussain, I. and Hanjra, M. A. 2004. Irrigation and Poverty Alleviation: Review of the Empirical Evidence. *Irrigation and Drainage*, 53(1): 1-15.

Hutton, G. and Haller, L. 2004. *Evaluation of the Costs and Benefits of Water and Sanitation Improvements at the Global Level.* Geneva, Switzerland, World Health Organization (WHO). http://www.who.int/water_sanitation_health/wsh0404.pdf

ICLS (International Conference of Labour Statisticians). 2013. Resolution Concerning Statistics of Work, Employment and Labour Underutilization. http://www.ilo.org/wcmsp5/groups/public/---dgreports/---stat/documents/normativeinstrument/wcms_230304.pdf

IEA (International Energy Agency). 2012a. *Global Energy Outlook 2012.* Paris, IEA. http://www.worldenergyoutlook.org/publications/weo-2012/

_____. 2012b. *Water for Energy: Is Energy Becoming a Thirstier Resource?* Chapter 17. IEA. World Energy Outlook 2012. Paris, OECD/IEA. http://www.worldenergyoutlook.org/media/weowebsite/2012/WEO_2012_Water_Excerpt.pdf

_____. 2014a. *World Energy Outlook 2014: Executive Summary.* Paris, OECD/IEA. http://www.iea.org/publications/freepublications/publication/world-energy-outlook-2014---executive-summary.html

_____. 2014b. *World Energy Outlook 2014.* Paris, OECD/IEA. http://dx.doi.org/10.1787/weo-2014-en

_____. 2014c. *World Energy Outlook 2014 Factsheet.* Paris, IEA. http://www.worldenergyoutlook.org/media/weowebsite/2014/141112_WEO_FactSheets.pdf

IFAD/WFP (International Fund for Agricultural Development/World Food Programme). 2011. *Weather Index-based Insurance in Agricultural Development: A Technical Guide.* Rome, IFAD.

IFC (International Finance Corporation). 2013. *IFC Jobs Study: Assessing Private Sector Contributions to Job Creation and Poverty Reduction.* Washington, DC, IFC. http://www.ifc.org/wps/wcm/connect/1c91a5804e6f1b89aceeacfce4951bf6/IFC_FULL+JOB+REPORT_REV2_JYC.pdf?MOD=AJPERES

IFPRI (International Food Policy Research Institute). 2002. *The Role of Rainfed Agriculture in the Future of Global Food Production.* EPTD Discussion Paper No. 90. Washington, DC, IFPRI.

_____. n.d. IFPRI website. Project on water futures. http://www.ifpri.org/project/water-futures

IICD (International Institute for Communication and Development). n.d. IICD website. http://www.iicd.org/about

ILO (International Labour Organization). 1919. *Hours of Work (Industry) Convention, No. 1.* Geneva, Switzerland, ILO. http://www.ilo.org/dyn/normlex/en/f?p=normlexpub:12100:0::no:12100:p12100_instrument_id:312146:no

_____. 1930. *Hours of Work (Commerce and Offices) Convention, No. 30.* Geneva, Switzerland, ILO. http://www.ilo.org/dyn/normlex/en/f?p=NORMLEXPUB:12100:0::NO::P12100_INSTRUMENT_ID:312175

_____. 1948. *Freedom of Association and Protection of the Right to Organise Convention, No. 87.* Geneva, Switzerland, ILO. http://www.ilo.org/dyn/normlex/en/f?p=NORMLEXPUB:12100:0::NO::P12100_INSTRUMENT_ID:312232

_____. 1949. *Right to Organise and Collective Bargaining Convention, No. 98.* Geneva, Switzerland, ILO. http://www.ilo.org/dyn/normlex/en/f?p=1000:12100:0::no::P12100_Ilo_Code:C098

_____. 1951. *Equal Remuneration Convention, No. 100.* Geneva, Switzerland, ILO. http://www.ilo.org/dyn/normlex/en/f?p=NORMLEXPUB:12100:0::NO::P12100_Ilo_Code:C100

_____. 1958. *Discrimination (Employment and Occupation) Convention, No. 111.* Geneva, Switzerland, ILO. http://www.ilo.org/dyn/normlex/en/f?p=NORMLEXPUB:12100:0::NO::P12100_ILO_CODE:C111

_____. 1964. *Employment Policy Convention, No. 122.* Geneva, Switzerland, ILO. http://www.ilo.org/dyn/normlex/en/f?p=NORMLEXPUB:12100:0::NO::P12100_INSTRUMENT_ID:312267

_____. 1981. *Occupational Safety and Health Convention, No. 155.* Geneva, Switzerland, ILO.

_____. 1995. *Safety and Health in Mines Convention, No. 176.* Geneva, Switzerland, ILO.

_____. 2001. *Safety and Health in Agriculture Convention, No. 184.* Geneva, Switzerland, ILO.

_____. 2003a. *Statistical Definition of Informal Employment: Guidelines Endorsed by the Seventeenth International Conference of Labour Statisticians.* Geneva, Switzerland, ILO. http://ilo.org/public/english/bureau/stat/download/papers/def.pdf

_____. 2003b. *Safety in Numbers: Pointers for a Global Safety Culture at Work*. Geneva, Switzerland, ILO. http://www.ilo.org/wcmsp5/groups/public/---ed_protect/---protrav/---safework/documents/publication/wcms_142840.pdf

_____. 2007a. *Toolkit for Mainstreaming Employment and Decent Work*. Geneva, Switzerland, United Nations System Chief Executives Board for Coordination, International Labour Office. http://www.ilo.org/wcmsp5/groups/public/---dgreports/---exrel/documents/publication/wcms_172609.pdf

_____. 2007b. *The ILO at a Glance*. Geneva, Switzerland, ILO. http://www.ilo.org/public/english/download/glance.pdf

_____. 2008. *Conclusions on Skills for Improved Productivity, Employment Growth and Development*. International Labour Conference, 2008. Geneva, Switzerland, ILO.

_____. 2009. *Recovering from the Crisis: A Global Jobs Pact*. Geneva, Switzerland, ILO. http://www.ilo.org/wcmsp5/groups/public/@ed_norm/@relconf/documents/meetingdocument/wcms_115076.pdf

_____. 2011a. *Skills for Green Jobs: A Global View: Synthesis Report based on 21 Country Studies*. Geneva, Switzerland, ILO. http://www.ilo.org/wcmsp5/groups/public/---dgreports/---dcomm/---publ/documents/publication/wcms_159585.pdf

_____. 2011b. *Sharing Country Experiences in Social Protection: Cambodia: Increasing Employability of Workers*. Jakarta, ILO. http://www.ilo.org/wcmsp5/groups/public/---asia/---ro-bangkok/---ilo-jakarta/documents/presentation/wcms_170560.pdf

_____. 2012. *Working towards Sustainable Development: Opportunities for Decent Work and Social Inclusion in a Green Economy*. International Labour Office. Geneva, Switzerland, ILO. http://www.ilo.org/wcmsp5/groups/public/---dgreports/---dcomm/---publ/documents/publication/wcms_181836.pdf

_____. 2013a. *Sustainable Development, Decent Work and Green Jobs*. Report No. 5, International Labour Conference, 102nd Session. Geneva, Switzerland, ILO. http://www.ilo.org/wcmsp5/groups/public/---ed_norm/---relconf/documents/meetingdocument/wcms_207370.pdf

_____. 2013b. What is a Green Job? Article, 26 August 2013. http://www.ilo.org/global/topics/green-jobs/news/WCMS_220248/lang--en/index.htm

_____. 2013c. *Methodologies for Assessing Green Jobs*. Policy brief. http://www.ilo.org/wcmsp5/groups/public/---ed_emp/---emp_ent/documents/publication/wcms_176462.pdf

_____. 2013d. *Assessing Green Jobs for Evidence-Based Policy Making: International Research Conference*. Conference Report, Geneva, Switzerland, 9-10 December 2013. http://www.ilo.org/wcmsp5/groups/public/---ed_emp/---emp_ent/documents/meetingdocument/wcms_243581.pdf

_____. 2013e. Green Jobs Mapping Studies in Asia (2010-2012): An Overview. ILO.

_____. 2014a. *World of Work Report 2014: Developing with Jobs*. Geneva, Switzerland, ILO. http://www.ilo.org/wcmsp5/groups/public/---dgreports/---dcomm/documents/publication/wcms_243961.pdf

_____. 2014b. *Creating Safe and Healthy Workplaces for All*. Report prepared for the G20 Labour and Employment Ministerial Meeting. Melbourne, Australia, 10-11 September 2014. Geneva, Switzerland. ILO. http://www.ilo.org/wcmsp5/groups/public/---dgreports/---dcomm/---publ/documents/publication/wcms_305423.pdf

_____. 2014c. *Key Indicators of the Labour Market (KILM), 8th edition*. Geneva, Switzerland, ILO.

_____. 2014d. *Green Job Mapping Study in Malaysia: An Overview based on Initial Desk Research*. Geneva, Switzerland, ILO. http://apgreenjobs.ilo.org/resources/green-jobs-mapping-study-in-malaysia-1

_____. 2014e. *Green Jobs Mapping Study in the Philippines: An Overview based on Initial Desk Research*. Bangkok, Regional Office for Asia and the Pacific, ILO.

_____. 2014f. *Global Employment Trends 2014: Risk of a Jobless Recovery?* Geneva, Switzerland, ILO. http://www.ilo.org/wcmsp5/groups/public/---dgreports/---dcomm/---publ/documents/publication/wcms_233953.pdf

_____. 2015a. *World Employment and Social Outlook: Trends 2015*. Geneva, Switzerland, ILO. http://www.ilo.org/wcmsp5/groups/public/---dgreports/---dcomm/---publ/documents/publication/wcms_337069.pdf

_____. 2015b. ILO website. International Women's Day 2015, ILO: Progress on Gender Equality at Work Remains Inadequate, 6 March 2015. http://www.ilo.org/global/about-the-ilo/newsroom/news/WCMS_348035/lang--en/index.htm

_____. 2015c. *Guidelines for a Just Transition towards Environmentally Sustainable Economies and Societies for All: COP 21 – Paris, 2015*. Geneva, Switzerland, ILO. http://www.ilo.org/wcmsp5/groups/public/---ed_emp/---emp_ent/documents/publication/wcms_432859.pdf

_____. n.d.a. ILO website. Sectoral Policies Department (SECTOR). http://www.ilo.org/sector/lang--en/index.htm

_____. n.d.b. ILO website. Safety and Health at Work. http://www.ilo.org/global/topics/safety-and-health-at-work/lang--en/index.htm

ILO/WGF (International Labour Organization/Water Governance Facility). n.d. Women, Informal Work and Water – Drudgery and Risks related to Water-fetching: A Systematic Literature Review and Secondary Data Analysis (unpublished joint research project). Geneva/Stockholm, ILO/WGF.

India Water Portal. n.d. Job Opportunities with Consortium for DEWATS Dissemination (CDD) Society. http://www.indiawaterportal.org/opportunities/job-opportunities-consortium-dewats-dissemination-cdd-society

Indij, D. and Gumbo, B. 2012. Capacity Development for a Changing World. R. Ardakanian and D. Jaeger (eds), *Water and the Green Economy: Capacity Development Aspects*. Bonn, Germany, UNW-DPC. http://www.unwater.org/downloads/greeneconomy-capacity-development.pdf

Indij, D., Gumbo, B. and Leendertse, K. 2013. Capacity Development Networks: A Source of Social Capital for Change. UNESCO-IHE, *Abstracts of papers presented at the 5th Delft Symposium on Water Sector Capacity Development: Developing Capacity from Rio to Reality, Who's Taking the Lead?* Delft, The Netherlands, UNESCO-IHE. http://cd-symposium.unesco-ihe. org/sites/cd-symposium.unesco-ihe.org/files/overview_of_abstracts_of_articles_presented_at_the_5th_delft_symposium.pdf

IOM (International Organization for Migration). 2007. *Discussion Note: Migration and the Environment. Ninety-fourth session.* http://www.iom.int/jahia/webdav/shared/shared/mainsite/about_iom/en/council/94/MC_INF_288.pdf

_____. 2014. *Integrating Migration into Development: Diaspora as a Development Enabler.* Summary Report. 2-3 October 2014, Rome, Italian Ministry of Foreign Affairs and International Cooperation.

IPA-Energy and Water Economics. 2010. *Study on the Calculations of Revised 2020 RES Targets for the Energy Community.* Edinburgh, UK, IPA-Energy and Water Economics.

IPCC (Intergovernmental Panel on Climate Change). 2014. *Climate Change 2014: Impacts, Adaptation, and Vulnerability.* Part A: Global and Sectoral Aspects. Contribution of Working Group II to the Fifth Assessment Report of the Intergovernmental Panel on Climate Change [Field, C. B., V. R. Barros, D. J. Dokken, K. J. Mach, M. D. Mastrandrea, T. E. Bilir, M. Chatterjee, K. L. Ebi, Y. O. Estrada, R. C. Genova, B. Girma, E. S. Kissel, A. N. Levy, S. MacCracken, P. R. Mastrandrea, and L. L. White (eds)]. Cambridge/New York, UK/USA, Cambridge University Press, 1132 pp.

IRENA (International Renewable Energy Agency). 2015. *Renewable Energy and Jobs: Annual Review 2015.* Masdar City, United Arab Emirates, IRENA. http://www.irena.org/DocumentDownloads/Publications/IRENA_RE_Jobs_Annual_Review_2015.pdf

IWA (International Water Association). 2013. *Mapping Human Resource Capacity Gaps in the Water Supply and Sanitation Sector.* Country Briefing Note: Philippines. London, IWA Publishing. http://www.iwa-network.org/downloads/1422744503-Briefing-Note-Philippines-final.pdf

_____. 2014a. *An Avoidable Crisis: WASH Human Resource Capacity Gaps in 15 Developing Countries.* London, IWA Publishing. http://www.iwa-network.org/downloads/1422745887-an-avoidable-crisis-wash-gaps.pdf

_____. 2014b. YWP Conference: Key Message from IWA International Young Water Professional Conference hosted in Taipei December 2014.

_____. 2014c. *State of the Art Compendium Report on Resource Recovery from Water.* IWA Resource Recovery Cluster. London, IWA Publishing. http://www.iwa-network.org/downloads/1440858039-web%20State%20of%20the%20Art%20Compendium%20Report%20on%20Resource%20Recovery%20from%20Water%202105%20.pdf

_____. 2015. *Lisbon Charter: Guiding the Public Policy and Regulation of Drinking Water Supply, Sanitation and Wastewater Management Services.* London, IWA. http://www.iwa-network.org/downloads/1428787191-Lisbon_Regulators_Charter.pdf

_____. Forthcoming. *The Manual on the Human Rights to Safe Drinking Water and Sanitation for Water and Sanitation Practitioners.* London, IWA Publishing.

_____. n.d. IWA website. Women Professionals in Urban Water. http://www.iwa-network.org/project/women-professionals-in-urban-water

j

Jiménez Cisneros, B. E. 2001. *La contaminación ambiental in México: Causas, efectos y tecnología apropiada* [Environmental Pollution: Causes, effects and appropriate technology]. México, Limusa/Colegio de Ingenieros Ambientales de México A.C/ Instituto de Ingeniería de la UNAM y FEMISCA. (In Spanish.)

Jiménez Cisneros, B. E. and Asano T. (eds). 2008a. *Water Reuse: An International Survey of Current Practice, Issues and Needs.* Scientific and Technical Report No. 20. London, IWA Publishing.

_____. 2008b. Water Reclamation and Re-use around the World. B. E. Jiménez Cisneros and T. Asano (eds), *Water Reuse: an International Survey of Current Practice, Issues and Needs.* London, IWA Publishing.

Jochem, E. S., Barker, T., Catenazzi, G., Eichhammer, W., Fleiter, T., Held, A., Helfrich, N., Jakob, M., Criqui, P., Mima, S., Quandt, L., Peters, A., Ragwitz, M., Reiter, U., Reitze, F., Schelhaas, M., Scrieciu, S. and Turton, H. 2009. *Adaptation and Mitigation Strategies: Supporting European Climate Policy.* Report of the Reference and 2°C Scenario for Europe. Project No. 018476-GOCE, Deliverable D-M1.2 of the ADAM project . Karlsruhe, Germany, Fraunhofer Institute for Systems and Innovation Research (ISI), 231 pp.

Jouravlev, A. 2004. *Drinking Water Supply and Sanitation Services on the Threshold of the XXI Century.* Serie Recursos Naturales e Infraestructura No. 74. United Nations Economic Commission for Latin America and the Caribbean (UNECLAC). LC/L.2169-P. Santiago, United Nations. http://repositorio.cepal.org/bitstream/handle/11362/6454/S047591_en.pdf?sequence=1

_____. 2015. *Cambios en las condiciones externas e internas y nuevos desafíos.* International Seminar: Challenges of Integrated Water Management in the XXI Century. Valparaiso, Chile, 23-24 March 2015. (In Spanish.)

JPMorgan. 2008. *Watching Water: A Guide to Evaluating Corporate Risks in a Thirsty World.* Global Equity Research. New York, JPMorgan. http://pdf.wri.org/jpmorgan_watching_water.pdf

k

Katko T. 2013. *Tap! Water Services Evolution and Social Import in Finland.* Finnish Water Utilities Association.

Keraita, B., Jiménez Cisneros, B. E., and Drechsel, P. 2008. Extent and Implications of Agricultural Reuse of Untreated, Partly Treated Diluted Wastewater in Developing Countries. *Agriculture, Veterinary Science, Nutrition and Natural Resources*, 3(58): 1-15.

Kimwaga, R., Nobert, J., Kongo, V. and Ngwisa, M. 2013. Meeting the Water and Sanitation MDGs: A Study of Human Resource Development Requirements in Tanzania. *Water Policy*, 15(S2): 61–78.

Kingdom, B., Liemberger, R. and Marin, P. 2006. *The Challenge of Reducing Non-revenue Water (NRW) in Developing Countries - How the Private Sector can Help: A Look at Performance-based Service Contracting*. Water Supply and Sanitation Sector Board discussion paper series No. 8. Washington, DC, The World Bank. http://documents.worldbank.org/curated/en/2006/12/7531078/challenge-reducing-non-revenue-water-nrw-developing-countries-private-sector-can-help-look-performance-based-service-contracting

KPMG. 2012. *Water in China, Key Themes and Developments in the Water Sector*. KPMG. http://www.kpmg.com/cn/en/IssuesAndInsights/ArticlesPublications/Documents/Water-in-China-201202.pdf

Lant, C. 2004. Water Resources Sustainability: An Ecological Economics Perspective. *Water Resources Update*, 127:20-30.

LAS/UNESCWA/ACWUA (League of Arab States/United Nations Economic and Social Commission for Western Asia/Arab Countries Water Utilities Association). 2015. *MDG+ Initiative: First Report 2015*. Amman. http://www.acwua.org/mdg-initiative

Lecina, S., Isidoro, D., Playán, E. and Aragüés, R. 2010. Irrigation Modernization and Water Conservation in Spain: The Case of Riegos del Alto Aragón. *Agricultural Water Management*, 97(10): 1663-1675.

Lipton, M., Litchfield, J. and Faurès, J. M. 2003. The Effects of Irrigation on Poverty: A Framework for Analysis. *Water Policy*, 5 (5): 413–27.

Lloyd, R., Parr, B. Davies, B. and Cooke, C. 2010. Subjective Perceptions of Load Carriage on the Head and Back in Xhosa Women. *Applied Ergonomics*, 41(4):522-529.

Losch, B., Freguin-Gresh, S. and White, E. T. 2012. *Structural Transformation and Rural Change Revisited: Challenges for Late Developing Countries in a Globalizing World*. Washington, DC, The World Bank. http://elibrary.worldbank.org/doi/abs/10.1596/978-0-8213-9512-7

Martín, L. and Justo, J. B. 2015. *Análisis, prevención y resolución de conflictos por el agua en América Latina y el Caribe*. Serie Recurso Naturales e Infraestructura. United Nations Economic Commission for Latin America and the Caribbean (UNECLAC). LC/L.3991. Santiago, United Nations. (In Spanish.) http://repositorio.cepal.org/bitstream/handle/11362/37877/S1500220_es.pdf

McKinsey & Company. 2013. *Gender Diversity in Top Management: Moving Corporate Culture, Moving Boundaries. Women Matter 2013*. Paris, McKinsey & Company. http://www.mckinsey.com/features/women_matter

McKinsey Global Institute. 2012. *Africa at Work: Job Creation and Inclusive Growth*. McKinsey & Company. http://www.mckinsey.com/insights/africa/africa_at_work

Meda, A., Lensch, D., Schaum, C. and Cornel, P. 2012. Energy and Water: Relations and Recovery Potential. V. lazarova, K. H. Choo and P. Cornel (eds), *Water–energy Interactions of Water Reuse*. London, IWA Publishing.

Ministry of Environment/Korea Environment Institute. 2009. *Four Major River Restoration Project of Republic of Korea*. Korea Environmental Policy Bulletin (KEPB), 3 (2). Gwacheon-si/Seoul, Republic of Korea, Ministry of Environment/Korea Environment Institute.

Morse, A., Kramber, W. J. and Allen, R. G. 2008. *Cost Comparison for Monitoring Irrigation Water Use: Landsat Thermal Data Versus Power Consumption Data*. Proceedings of the 17th Pecora Symposium, Pecora 17: The Future of Land Imaging Going Operational, 18-20 November 2008, Denver, Colorado, USA. http://www.asprs.org/a/publications/proceedings/pecora17/0025.pdf

Morton, M., Klugman, J., Hanmer, L. and Singer, D. 2014. *Gender at Work: a Companion to the World Development Report on Jobs*. Washington, DC, The World Bank. http://documents.worldbank.org/curated/en/2014/02/19790446/gender-work-companion-world-development-report-jobs

MPI (Migration Policy Institute). 2011. MPI website. *Working Hard for the Money: Bangladesh Faces Challenges of Large-Scale Labor Migration*. http://www.migrationpolicy.org/article/working-hard-money-bangladesh-faces-challenges-large-scale-labor-migration

Nestlé. n.d. Nestlé website. More Coffee with Less Water, Country: Vietnam. http://www.nestle.com/csv/case-studies/AllCaseStudies/coffee-water-vietnam

ODI (Overseas Development Institute). n.d. Post2015.org website. Future Goals Tracker. http://post2015.org/about/

OECD (Organisation for Economic Co-operation and Development). 2006. *The Challenge of Capacity Development: Working towards Good Practice*. DAC Guidelines and Reference Series. Paris, OECD.

_____. 2007. Financing Water Supply and Sanitation in EECCA Countries and Progress in Achieving the Water-Related Millennium Development Goals (MDGs). *OECD Papers*, Vol. 7/3. http://dx.doi.org/10.1787/oecd_papers-v7-art8-en

_____. 2008. *Cost of Inaction on Environmental Policy Challenges: Summary Report*. Paris, OECD Publishing. http://www.oecd.org/environment/ministerial/40501169.pdf

_____. 2011a. *Benefits of Investing in Water and Sanitation: An OECD Perspective*. Paris, OECD Publishing. http://dx.doi.org/10.1787/9789264100817-en

_____. 2011b. *Water Governance in OECD Countries: A Multi-level Approach*. OECD Studies on Water. Paris, OECD Publishing. http://dx.doi.org/10.1787/9789264119284-en

_____. 2012a. *OECD Environmental Outlook to 2050: The Consequences of Inaction*. Paris, OECD Publishing. http://dx.doi.org/10.1787/9789264122246-en

_____. 2012b. *Meeting the Water Reform Challenge. Executive Summary*. OECD Studies on Water. Paris, OECD Publishing. http://www.oecd.org/env/resources/49839058.pdf

l

m

n

o

_____. 2012c. *Environmental Outlook to 2050: The Consequences of Inaction*. Key Findings on Water. Paris, OECD. http://www.oecd.org/environment/indicators-modelling-outlooks/49844953.pdf

_____. n.d. OECD data. Employment. https://data.oecd.org/emp/employment-by-activity.htm

OHCHR (Office of the High Commissioner for the Human Rights). n.d. OHCHR website. What Are Human Rights? http://www.ohchr.org/EN/Issues/Pages/WhatareHumanRights.aspx

Okudzeto, E., Mariki, W. A., Senu, S. S. and Lal, R. 2015. *African Economic Outlook: Ghana*. African Development Bank (AfDB)/Organisation for Economic Co-operation and Development (OECD)/United Nations Development Programme (UNDP). http://www.africaneconomicoutlook.org/en/country-notes/west-africa/ghana/

Otoo, M. and Drechsel, P. 2015. *Resource Recovery from Waste: Business Models for Energy, Nutrient and Water Reuse.* London, Earthscan.

Pacific Institute. 2013. *Sustainable Water Jobs: A National Assessment of Water-related Green Job Opportunities*. Oakland, USA, Pacific Institute. http://pacinst.org/wp-content/uploads/sites/21/2014/05/sust_jobs_full_report.pdf

Pahl-Wostl, C., Jeffrey, P., Isendahl, N. and Brugnach, M. 2011. Maturing the New Water Management Paradigm: Progressing from Aspiration to Practice. *Water Resources Management*, 25(3): 837-856.

Pangare, V. 2015. *Guidelines on How to Collect Sex-disaggregated Water Data*. Gender and Water Series. WWAP. Paris, UNESCO. http://www.unesco.org/new/fileadmin/MULTIMEDIA/HQ/SC/pdf/Guidelines_on_how_to_collect_sex_disaggregated_water_dat_01.pdf

Paris, T., Pede, V., Luis, J., Sharma, R., Singh, A., Stipular, J. and Villanueva, D. 2015. *Understanding Men's and Women's Access to and Control of Assets and the Implications for Agricultural Development Projects: A Case Study in Rice-farming Households in Eastern Uttar Pradesh, India.* Discussion Paper No. 1437. Washington, DC, International Food Policy Research Institute (IFPRI)/International Rice Research Institute (IRRI). http://ebrary.ifpri.org/cdm/ref/collection/p15738coll2/id/129109

Pathak, H., Tewari, A. N., Sankhyan, S., Dubey, D. S., Mina, U., Singh, V. K., Jain, N. and Bathia, A. 2011. Direct-seeded Rice: Potential, Performance and Problems – A Review. *Current Advances in Agricultural Sciences*, 3(2): 77-8.

Pearson, J. and McPhedran, K. 2012. A Literature Review of the Non-health Impacts of Sanitation. *Waterlines*, 27(1): 48-61.

Pfitzer, M. and Ramya, K. 2007. *The Role of the Food & Beverages Sector in Expanding Economic Opportunities*. Economic Opportunity Series. Cambridge, USA, FSC Social Impact Advisors/The Fellow of Harvard College. http://www.fao.org/fileadmin/user_upload/ivc/docs/UnileverandProjectNovella.pdf

Polak, P. 2003. *Increasing the Productivity of the World's Micro-farmers*. Smallholder Irrigation Market Initiative. http://www.siminet.org/images/pdfs/increasing-productivity-pp.pdf

Postel, S. 1999. *Pillar of Sand: Can the Irrigation Miracle Last?* New York, W. W. Norton & Company.

PUB (Singapore's national water agency). n.d. PUB website. NEWater. http://www.pub.gov.sg/about/historyfuture/Pages/NEWater.aspx

Quadir, M., Quillérou, E., Nangia, V., Murtaza, G., Singh, M., Thomas, R. J. P., Drechsel, P. and Noble, A. D. 2014. Economics of Salt-induced Land Degradation and Restoration. *Natural Resources Forum*, 38(4): 282–295.

Rafei, L. and Tabary. M. E. 2014. Africa's Urban Population Growth: Prospects and Projections. http://blogs.worldbank.org/opendata/africa-s-urban-population-growth-trends-and-projections

Ramsar Convention Secretariat. 2010. *Water Allocation and Management: Guidelines for the Allocation and Management of Water for Maintaining the Ecological Functions of Wetlands*. Ramsar Handbooks for the Wise Use of Wetlands 4th edition, Vol. 10. Gland, Switzerland, Ramsar Convention Secretariat. http://www.ramsar.org/sites/default/files/documents/pdf/lib/hbk4-10.pdf

Ratnam, V. and Tomoda, S. 2005. *Practical Guide for Strengthening Social Dialogue in Public Service Reform*. Geneva, Switzerland, ILO.

Richards, A. and Waterbury, J. 2008. *A Political Economy of the Middle East (3rd Edition)*. Boulder, USA, Westview Press.

Richey, A. S., Thomas, B. F., Lo, M., Reager, J. T., Famiglietti, J. S., Voss, K., Swenson, S. and Rodell, M. 2015. Quantifying Renewable Groundwater Stress with GRACE. *Water Resources Research*, Accepted Article. http://onlinelibrary.wiley.com/doi/10.1002/2015WR017349/pdf

Rockström, J., Hatibu, N., Oweis, T. Y. and Wani, S. 2007. Managing Water in Rainfed Agriculture. CAWMA (Comprehensive Assessment of Water Management in Agriculture), *Water for Food Water for Life: A Comprehensive Assessment of Water Management in Agriculture*. London/Colombo, Earthscan/International Water Management Institute (IWMI).

Rodriguez, D. J., van den Berg, C. and McMahon, A. 2012. *Investing in Water Infrastructure: Capital, Operations and Maintenance*. Water Papers. Washington, DC, The World Bank. http://water.worldbank.org/sites/water.worldbank.org/files/publication/water-investing-water-infrastructure-capital-operations-maintenance.pdf

Rogers, P. and Daines, S. 2014. *A Safe Space for Humanity: The Nexus of Food, Water, Energy, and Climate*. ADB Briefs No. 20. Manila, Asian Development Bank (ADB). http://www.adb.org/publications/safe-space-humanity-nexus-food-water-energy-and-climate

Rogers, P. and Hall, A. W. 2003. *Effective Water Governance*. TEC Background Paper No. 7. Stockholm, Global Water Partnership (GWP). http://www.gwp.org/Global/ToolBox/Publications/Background%20papers/07%20Effective%20Water%20Governance%20%282003%29%20English.pdf

Rutovitz, J., Dominish, E. and Downes, J. 2015. Chapter 7: Employment Projections – Methodology and Assumptions. S. Teske, S. Sawyer and O. Schäfe, *Energy [R]evolution, A Sustainable World Energy Outlook 2015. 5th Edition.* Prepared for Greenpeace International by the Institute for Sustainable Futures, University of Technology Sydney. Amsterdam/Brussels, Greenpeace International /Global Wind Energy Council/SolarPower Europe. http://www.greenpeace.org/international/Global/international/publications/climate/2015/Energy-Revolution-2015-Full.pdf

SABMiller. n.d.a. SABMiller website. Our Response. http://www.sabmiller.com/sustainability/shared-imperatives/water-resources/our-response

_____. n.d.b. SABMiller website. Securing Shared Water Resources for our Business and Local Communities. http://www.sabmiller.com/sustainability/shared-imperatives/water-resources

_____. n.d.c. SABMiller website. Our Impact in Africa.http://www.sabmiller.com/beer-blog/article/our-impact-in-africa

Sadoff, C. W., Hall, J. W., Grey, D., Aerts, J. C. J. H., Ait-Kadi, M., Brown, C., Cox, A., Dadson, S., Garrick, D., Kelman, J., McCornick, P., Ringler, C., Rosegrant, M., Whittington, D. and Wiberg, D. 2015. *Securing Water, Sustaining Growth: Report of the GWP/OECD Task Force on Water Security and Sustainable Growth.* UK, University of Oxford. http://www.water.ox.ac.uk/wp-content/uploads/2015/04/SCHOOL-OF-GEOGRAPHY-SECURING-WATER-SUSTAINING-GROWTH-DOWNLOADABLE.pdf

Scheffran J., Brzoska M., Brauch H. G., Link, P. M. and Schilling J. (eds). 2012. *Climate Change, Human Security and Violent Conflict.* Berlin/New York, Springer.

Scheierling, S. M., Treguer, D. O., Booker, J. F. and Decker, E. 2014. *How to Assess Agricultural Water Productivity? Looking for Water in the Agricultural Productivity and Efficiency Literature.* Policy Research Working Paper No. WPS 6982. Washington, DC, The World Bank. http://documents.worldbank.org/curated/en/2014/07/19893942/assess-agricultural-water-productivity-looking-water-agricultural-productivity-efficiency-literature

Schewe, J., Heinke, J., Gerten, D., Haddeland, I., Arnell, N. W., Clarke, D. B., Dankers, R., Eisner, S., Fekete, B. M., Colón-González, F. J., Gosling, S. N., Kim, H., Liu, X., Masaki, Y., Portmann, F. T., Satoh, Y., Stacke, T., Tang, Q., Wada, Y., Wisser, D., Albrecht, T., Frieler, K., Piontek, F., Warszawskia, L. and Kabatt, P. 2014. Multi-model Assessment of Water Scarcity under Climate Change. *Proceedings of the National Academy of Sciences of the United States of America*, 111(9): 3245–3250.

Schwartz, J., Andres, L. and Dragoiu, G. 2009. *Crisis in Latin America: Infrastructure Investment, Employment and the Expectations of Stimulus.* Washington, DC, The World Bank. https://openknowledge.worldbank.org/bitstream/handle/10986/4201/WPS5009.pdf?sequence=1

Seager, J. 2015. *Sex-disaggregated Indicators for Water Assessment, Monitoring and Reporting.* Technical Paper. Gender and Water Series. WWAP. Paris, UNESCO. http://www.unesco.org/new/fileadmin/MULTIMEDIA/HQ/SC/pdf/Sex_disaggregated_indicators_for_water_assessment_monito.pdf

Shiklomanov, I. A. 1997. *Comprehensive Assessment of the Freshwater Resources of the World: Assessment of Water Resources and Availability in the World.* Geneva, World Meteorological Organization (WMO).

Siebert, S., Henrich, V., Frenken, K. and Burke, J. 2013. *Update of the Digital Global Map of Irrigation Areas (GMIA) to Version 5.* Rome/Bonn, Germany, Food and Agriculture Organization of the United Nations (FAO)/University of Bonn.

SIWI/WHO (Stockholm International Water Institute/Water Health Organization). 2005. *Making Water a Part of Economic Development: The Economic Benefits of Improved Water Management and Services.* Stockholm, SIWI. http://www.who.int/water_sanitation_health/waterandmacroecon.pdf

Snow, M. and Mutschler, D. 2012. *Promoting Entry Career Pathways in the Drinking Water and Wastewater Sector.* Lowell Center for Sustainable Production/ University of Massachusetts Lowell/The Massachusetts Workforce Alliance. http://www.skill-works.org/documents/DrinkingWaterandWastewaterReport_web_May2012.pdf

Solanes, M. 2007. Editorial remarks. Circular, No. 25, Network for Cooperation in Integrated Water Resource Management for Sustainable Development in Latin America and the Caribbean. Santiago, United Nations Economic Commission for Latin America and the Caribbean (UNECLAC). Santiago, United Nations. http://www.cepal.org/drni/noticias/circulares/0/27520/Carta25in.pdf

Solanes, M. and Jouravlev, A. 2006. *Water Governance for Development and Sustainability.* Serie Recursos Naturales e Infraestructura No. 111. United Nations Economic Commission for Latin America and the Caribbean (UNECLAC). LC/L.2556-P. Santiago, United Nations. http://repositorio.cepal.org/bitstream/handle/11362/6308/S0600441_en.pdf

Sorenson, S. B., Morssink, C. and Campos, P. A. 2011. Safe Access to Safe Water in Low Income Countries: Water Fetching in Current Times. *Social Science and Medicine*, 72(9):1522-1526.

Speed, R., Li, Y., Le Quesne, T., Pegram, G. and Zhiwei, Z. 2013. *Basin Water Allocation Planning. Principles, Procedures and Approaches for Basin Allocation Planning.* Paris, UNESCO. http://unesdoc.unesco.org/images/0022/002208/220875e.pdf

Statistics Norway. 2015. Municipal Water Supply, 2014. https://www.ssb.no/en/natur-og-miljo/statistikker/vann_kostra

Stedman, L. 2014. Sanitation Safety Plans: An Emerging Framework for Improved Wastewater Management. *Water 21*, 14 December 2014, pp.12-14. http://www.iwa.sk/INFORMACIE_IWA/W21/Water21_December2014_sample.pdf

Stevenson, E. G. J., Greene, L. E., Maes, K. C., Ambelu, A., Tesfaye, Y. A., Rheingans, R. and Hadley, C. 2012. Water Insecurity in 3 Dimensions: An Anthropological Perspective on Water and Women's Psychosocial Distress in Ethiopia. *Social Science and Medicine*, 75 (2):392-400.

Stiftung, A. and Beys, K. 2005. Ressourcenproduktivität als Chance. Ein Langfristiges Konjunkturprogramm für Deutschland. Aaachen, Aachener Stiftung Kathy Beys. http://www.aachener-stiftung.de/downloads/buch_final.pdf

S

SWIM-SM (Sustainable Water Integrated Management: Support Mechanism). 2014. EU-funded Project Assists Lebanese Decision-Makers in Prioritizing Investments to Reduce the Degradation of the Litani River Basin. Press Note, 5 September 2014. http://www.swim-sm.eu/files/COED_LEBANON_PRESS_NOTE_EN.pdf

Sy, J., Warner, R. and Jamieson, J. 2014. *Tapping the Market: Opportunities for Domestic Investments in Water and Sanitation for the Poor*. Washington, DC, The World Bank. http://hdl.handle.net/10986/16538

t

Teske, S., Sawyer, S. and Schäfe, O. 2015. *Energy [R]evolution a Sustainable World Energy Outlook* 2015. 5th Edition. Amsterdam/Brussels, Greenpeace International /Global Wind Energy Council/SolarPower Europe. http://www.greenpeace.org/international/Global/international/publications/climate/2015/Energy-Revolution-2015-Full.pdf

Thames London. 2014. *Corporate Responsibility and Sustainability Report 2013/14*. http://www.thameswater.co.uk/cr

The Africa Report. 2015. Electricity: Ghana's power crisis deepens. http://www.theafricareport.com/West-Africa/electricity-ghanas-power-crisis-deepens.html

The Hashemite Kingdom of Jordan. 2014. *National Resilience Plan 2014-2016: Proposed Priority Responses to Mitigate the Impact of the Syrian Crisis on Jordan and Jordanian Host Communities*. Ministry of Planning and International Cooperation, The Hashemite Kingdom of Jordan. http://inform.gov.jo/en-us/By-Date/Report-Details/ArticleId/26/2014-2016-National-Resilience-Plan

Tushaar, S., Burke, J., Villholth, K., Angelica, M., Custodio, E., Daibes, F., Hoogesteger, J., Giordano, M., Girman, J. Van der Gun, K., Kendy, E., Kijne, J., Llamas, R., Masiyandama, M., Margat, J., Marin, L., Peck, J., Rozelle, S., Sharma, B., Vincent, L. and Wang, J. 2007. Groundwater: A Global Assessment of Scale and Significance. CAWMA, *Water for Food, Water for Life: A Comprehensive Assessment of Water Management in Agriculture*. London/Colombo, Earthscan/International Water Management Institute (IWMI).

u

UN (United Nations). 1948. The Universal Declaration of Human Rights. United Nations. http://www.un.org/en/documents/udhr/

_____. 2003. *Substantive Issues Arising in the Implementation of the International Covenant on Economic, Social and Cultural Rights*. General Comment No. 15 (2002). The right to water (arts. 11 and 12 of the International Covenant on Economic, Social and Cultural Rights). E/C.12/2002/11. UN. http://www2.ohchr.org/english/issues/water/docs/CESCR_GC_15.pdf

_____. 2004. *Relationship Between the Enjoyment of Economic, Social and Cultural Rights and the Promotion of the Realization of the Right to Drinking Water Supply and Sanitation*. Final Report of the Special Rapporteur, El Hadji Guissé. E/CN.4/Sub.2/2004/20. UN. http://daccess-dds-ny.un.org/doc/UNDOC/GEN/G04/152/26/PDF/G0415226.pdf?OpenElement

_____. 2005. *Realization of the Right to Drinking Water and Sanitation*. Report of the Special Rapporteur, El HadjiGuissé. E/CN.4/Sub.2/2005/25. UN.

_____. n.d. MY World 2015 Global Survey. http://data.myworld2015.org/

UN DESA (United Nations Department of Economic and Social Affairs). 2001. *World Population Prospects, The 2000 Revision: Highlights*. New York, Population Division, UN DESA. http://www.un.org/esa/population/publications/wpp2000/highlights.pdf

_____. 2008. *International Standard Industrial Classification of All Economic Activities Revision 4*. Statistical Papers Series M. No. 4. New York, United Nations.

_____. 2011. *World Urbanization Prospects: The 2011 Revision*. New York, United Nations. http://www.un.org/en/development/desa/population/publications/pdf/urbanization/WUP2011_Report.pdf

_____. 2015. *2015 Revision of World Population Prospects: Key Findings and Advanced Tables*. Working Paper No. ESA/P/WP. 241. New York, Population Division, UN DESA. http://esa.un.org/unpd/wpp/Publications/Files/Key_Findings_WPP_2015.pdf

UNDP (United Nations Development Programme). 2006. *Human Development Report 2006: Beyond Scarcity: Power, Poverty and the Global Water Crisis*. New York, UNDP. http://hdr.undp.org/sites/default/files/reports/267/hdr06-complete.pdf

_____. 2014. *Blame It on the Rain?: Gender Differentiated Impacts of Drought on Agricultural Wage and Work in India*. Discussion Paper Series No. 1. Bangkok, UNDP.

UNDP GWF (United Nations Development Programme Water Governance Facility). 2014. *Regional Capacity Building Programme, Promoting and Developing Water Integrity in Sub-Saharan Africa – Interim Programme Report*. UNDP.

UNECA/AU/AfDB (United Nations Economic Commission for Africa/African Union/African Development Bank). 2000. *African Water Vision for 2025: Equitable and Sustainable Use of Water for Socieconomic Development*. Addis Ababa, UNECA.

UNECE (United Nations Economic Commission for Europe). 2009. *Financing Energy Efficiency Investments for Climate Change Mitigation Project: Investor Interest and Capacity Building Needs*. New York/Geneva, United Nations. http://www.unece.org/fileadmin/DAM/energy/se/pdfs/eneff/eneff_pub/InvestorInt_CapBuilNeeds_ese32_e.pdf

_____. 2011. *Second Assessment of Transboundary Rivers, Lakes and Groundwaters*. New York/Geneva, United Nations. http://www.unece.org/fileadmin/DAM/env/water/publications/assessment/English/ECE_Second_Assessment_En.pdf

_____. 2013. *Inventory of Most Important Bottlenecks and Missing Links in the E Waterway Network*. New York/Geneva, United Nations. http://www.unece.org/fileadmin/DAM/trans/doc/2013/sc3wp3/ECE-TRANS-SC3-159-Rev1e.pdf

_____. 2014a. *Access to Energy Services in the ECE Region*. ECE/ENERGY/GE.7/2014/INF.2, Discussion Paper No.2. http://www.unece.org/fileadmin/DAM/energy/se/pdfs/gere/gere1_18.11.2014/ECE_ENERGY_GE.7_2014_INF.2.pdf

_____. 2014b. *A Framework for Developing Best Practice Guidelines to Accelerate Renewable Energy Uptake*. ECE/ENERGY/GE.7/2014/INF.3, Discussion Paper No.3. http://www.unece.org/fileadmin/DAM/energy/se/pdfs/gere/gere1_18.11.2014/ECE_ENERGY_GE.7_2014_INF.3_Revised.pdf

UNECLAC (Economic Commission for Latin America and Caribbean). 1987. *The Water Resources of Latin America and the Caribbean: Water-related Natural Hazard*. LC/L.415/Rev.1. Santiago, United Nations. http://repositorio.cepal.org/bitstream/handle/11362/35826/S8700060_en.pdf

_____. 2014a. *Economic Survey of Latin America and the Caribbean, 2014: Challenges to Sustainable Growth in a New External Context. Briefing paper*. Santiago, United Nations. http://repositorio.cepal.org/bitstream/11362/37033/1/S1420391_en.pdf

_____. 2014b. *The Economics of Climate Change in Latin America and the Caribbean: Paradoxes and Challenges of Sustainable Development*. LC/G.2624. Santiago, United Nations. http://repositorio.cepal.org/bitstream/handle/11362/37311/S1420655_en.pdf

_____. 2014c. *Compacts for Equality: Towards a Sustainable Future*. LC/G.2586(SES.35/3). Santiago, United Nations. http://repositorio.cepal.org/bitstream/11362/36693/1/LCG2586SES353e_en.pdf

UN-EMG (United Nations Environment Management Group). 2011. *Working towards a Balanced and Inclusive Green Economy: A United Nations System-wide Perspective*. Geneva, Switzerland, United Nations.

UNEP (United Nations Environment Programme). 2010. *Clearing the Waters: A focus on Water Quality Solutions*. Nairobi, UNEP. http://www.unep.org/PDF/Clearing_the_Waters.pdf

_____. 2011a. *Towards a Green Economy: Pathways to Sustainable Development and Poverty Eradication*. Nairobi, UNEP. www.unep.org/greeneconomy

_____. 2011b. *The Greening of Water Law: Managing Freshwater Resources for People and the Environment*. Nairobi, UNEP. http://www.unep.org/delc/Portals/119/UNEP_Greening_water_law.pdf

_____. 2011c. *Towards a Green Economy: Pathways to Sustainable Development and Poverty Eradication: A Synthesis for Policy Makers*. Geneva, Switzerland, UNEP. www.unep.org/greeneconomy

_____. 2011d. Water: Investing in Natural Capital. UNEP, *Towards a Green Economy: Pathways to Sustainable Development and Poverty Eradication*. Nairobi, UNEP.

_____. 2011e. *Decoupling Natural Resource Use and Environmental Impacts from Economic Growth: A Report of the Working Group on Decoupling to the International Resource Panel*. Fischer-Kowalski, M., Swilling, M., von Weizsäcker, E. U., Ren, Y., Moriguchi, Y., Crane, W., Krausmann, F., Eisenmenger, N., Giljum, S., Hennicke, P., Romero Lankao, P., Siriban Manalang, A. and Sewerin, S. Nairobi, UNEP. http://www.unep.org/resourcepanel/decoupling/files/pdf/Decoupling_Report_English.pdf

_____. 2012a. *Measuring water use in a green economy: A Report of the Working Group on Water Efficiency to the International Resource Panel*. McGlade, J., Werner, B., Young, M., Matlock, M., Jefferies, D., Sonnemann, G., Aldaya, M., Pfister, S., Berger, M., Farell, C., Hyde, K., Wackernagel, M., Hoekstra, A., Mathews, R., Liu, J., Ercin, E., Weber, J. L., Alfieri, A., Martinez-Lagunes, R., Edens, B., Schulte, P., von Wirén-Lehr, S. and Gee, D. Nairobi, UNEP.

_____. 2012b. *Greening Economy*. Briefing Paper: Finance. Geneva, Switzerland, UNEP. http://www.unep.org/greeneconomy/Portals/88/documents/GE_FINANCE%202juin.pdf

_____. 2012c. *Sustainable, Resource Efficient Cities – Making it Happen!* Nairobi, UNEP. http://www.unep.org/urban_environment/PDFs/SustainableResourceEfficientCities.pdf

_____. 2012d. *Employment Briefing Paper*. Geneva, Switzerland, UNEP. http://www.unep.org/greeneconomy/Portals/88/EMPLOYMENT.pdf

_____. 2015. *Building Inclusive Green Economies in Africa: Experience and Lessons Learned*, 2010-2015. Nairobi, UNEP

_____. Forthcoming. *World Water Quality Assessment Pre-study*.

_____. n.d. *Water: In the Transition to a Green Economy*. A UNEP Brief. www.unep.org/greeneconomy

UNEP/Grid-Arendal. n.d. Green Jobs in the Future. http://www.grida.no/graphicslib/detail/green-jobs-in-the-future_12d2

UNEP/ILO/IOE/ITUC (United Nations Environment Programme/International Labour Organization/ International Organisation of Employers/International Trade Union Confederation). 2008. *Green Jobs: Towards Decent Work in a Sustainable, Low-Carbon World*. Nairobi, UNEP. http://www.ilo.org/wcmsp5/groups/public/---dgreports/---dcomm/documents/publication/wcms_098504.pdf

UNESCAP (United Nations Economic and Social Commission for Asia and the Pacific). 2010. Water Security – Good Governance and Sustainable Solutions. Speech presented at the Asia-Pacific Water Ministers' Forum, Singapore, 28 Jun 2010. http://www.unescap.org/speeches/water-security-good-governance-and-sustainable-solutions

_____. 2011. *Statistical Yearbook for Asia and the Pacific 2011*. Bangkok, United Nations. http://www.unescap.org/stat/data/syb2011/escap-syb2011.pdf

_____. 2012. *Low Carbon Green Growth Roadmap for Asia and the Pacific: Turning Resource Constraints and the Climate Crisis into Economic Growth Opportunities*. Bangkok, United Nations. http://www.unescap.org/sites/default/files/Full-report.pdf

_____. 2014a. Statistical Yearbook for Asia and the Pacific 2014. Bangkok, United Nations. http://www.unescap.org/sites/default/files/ESCAP-SYB2014.pdf

_____. 2014b. *Disasters in Asia and the Pacific: 2014 Year in Review*. Bangkok, United Nations. http://www.unescap.org/sites/default/files/Year%20In%20Review_Final_FullVersion.pdf

_____. n.d. UNESCAP website. National Workshop on Eco-Efficiency Water Infrastructure for Sustainable Urban Development in Nepal, 15-16 October 2014, Kathmandu City, Nepal. http://www.unescap.org/events/national-workshop-eco-efficient-water-infrastructure-sustainable-urban-development-nepal-15

UNESCAP/UN-Habitat/AIT (United Nations Economic and Social Commission for Asia and the Pacific/United Nations Human Settlements Programme/Asian Institute of Technology). 2015. *Policy Guidance Manual on Wastewater Management with a Special Emphasis on Decentralized Wastewater Treatment Systems (DEWATS)*. UN/AIT. http://www.unescap.org/resources/policy-guidance-manual-wastewater-management

UNESCO-UNEVOC (United Nations Educational, Scientific and Cultural Organization - International Centre for Technical and Vocational Education and Training). 2012 *Skills Challenges in the Water and Wastewater Industry: Contemporary Issues and Practical Approaches in TVET*. Bonn, Germany, UNESCO-UNEVOC.

UNESCWA (United Nations Economic and Social Commission for Western Asia). 2007. *Guidelines with Regard to Developing Legislative and Institutional Frameworks Needed to Implement IWRM at the National Level in the ESCWA Region*. Beirut, United Nations. http://www.escwa.un.org/divisions/events/18mar07en_guidelines%20on%20reform%20for%20IWRM.pdf

_____. 2013a. *Population and Development Report Issue No.6: Development Policy Implications of Age-Structural Transitions in Arab Countries*. E/ESCWA/SDD/2013/2. New York, United Nations. http://www.escwa.un.org/information/pubaction.asp?PubID=1504

_____. 2013b. *ESCWA Water Development Report 5: Issues in Sustainable Water Resources Management and Water Services*. E/ESCWA/SDPD/2013/4. New York, United Nations. http://www.escwa.un.org/information/pubaction.asp?PubID=1506

_____. 2015. *Water Supply and Sanitation in the Arab Region: Looking beyond 2015*. E/ESCWA/SDPD/2015/Booklet 1. Beirut, United Nations.

UNGA (United Nations General Assembly). 1966. *International Covenant on Economic, Social and Cultural Rights*. United Nations. http://www.ohchr.org/EN/ProfessionalInterest/Pages/CESCR.aspx

_____. 1979. *Convention on the Elimination of All Forms of Discrimination against Women (CEDAW)*. United Nations.

_____. 1989. *Convention on the Rights of the Child*. United Nations.

_____. 2006. *Convention on the Rights of Persons with Disabilities*. United Nations. http://www.un.org/disabilities/documents/convention/convoptprot-e.pdf

_____. 2010a. *Promotion and Protection of All Human Rights, Civil, Political, Economic, Social and Cultural Rights, Including the Right to Development*. Report of the independent expert on the issue of human rights obligations related to access to safe drinking water and sanitation, Catarina de Albuquerque. A/HRC/15/31. United Nations.

_____. 2010b. *Promotion and Protection of All Human Rights, Civil Political, Economic, Social and Cultural Rights, Including the Right to Development*. Human Rights Council. Fifteenth session. Agenda item 3. A/HRC/15/L.14. United Nations.

_____. 2010c. Human Rights and Access to Safe Drinking Water and Sanitation. Resolution adopted by the Human Rights Council. A/HRC/RES/15/9.

_____. 2014a. *Outcome Document of the High-level Plenary Meeting of the General Assembly Known as the World Conference on Indigenous Peoples*. A/RES/69/2. United Nations. http://www.un.org/en/ga/search/view_doc.asp?symbol=A/RES/69/2&referer=/english/&Lang=E

_____. 2014b. *Promotion and Protection of All Human Rights, Civil, Political, Economic, Social and Cultural Rights, Including the Right to Development*. Report of the Special Rapporteur on the human right to safe drinking water and sanitation, Catarina de Albuquerque. Common violations of the human rights to water and sanitation. Twenty-seventh session. Agenda item 3. A/HRC/27/55. United Nations.

_____. 2015. *Resolution Adopted by the General Assembly on 25 September 2015. Transforming Our World: the 2030 Agenda for Sustainable Development*. A/70 /L.1. Seventieth Session, Agenda item 15 and 16. United Nations. http://www.un.org/en/ga/search/view_doc.asp?symbol=A/RES/70/1

UN-Habitat (United Nations Human Settlements Programme). 2012. *The State of Arab Cities: Challenges of Urban Transition*, Nairobi, UN-Habitat.

UN-Habitat/UNESCAP (United Nations Human Settlements Programme/United Nations Economic and Social Commission for Asia and the Pacific). 2014. *Pro-poor Urban Climate Resilience in Asia and the Pacific*. Nairobi/Bangkok, UN-Habitat/UNESCAP. http://www.unescap.org/sites/default/files/Quick%20Guide%20for%20Policy%20Makers.pdf

UNICEF (United Nations Children's Fund). n.d. UNICEF website. Water, Sanitation and Hygiene (WASH). http://www.unicef.org/media/media_45481.html

UNICEF/WHO (United Nations Children's Fund/World Health Organization). 2008. *Progress on Drinking Water and Sanitation: Special Focus on Sanitation*. New York/Geneva, UNICEF/WHO. http://www.wssinfo.org/fileadmin/user_upload/resources/1251794333-JMP_08_en.pdf

_____. 2012. *Progress on Drinking Water and Sanitation: 2012 Update*. New York/Geneva, UNICEF/WHO. http://www.unicef.org/media/files/JMPreport2012.pdf

_____. 2014. *Progress on Drinking Water and Sanitation: 2014 Update*. New York/Geneva, UNICEF/WHO. http://www.wssinfo.org/fileadmin/user_upload/resources/JMP_report_2014_webEng.pdf

_____. 2015. *Progress on Sanitation and Drinking Water: 2015 Update and MDG Assessment*. New York/Geneva, UNICEF/WHO. http://www.wssinfo.org/fileadmin/user_upload/resources/JMP-Update-report-2015_English.pdf

UNIDO (United Nations Industrial Development Organization). 2011. *Rwanda: Energy Access for Rural Communities*. Project Fact Sheets. Vienna, UNIDO. http://www.unido.org/fileadmin/media/images/worldwide/Fact_sheets_new/RWA_EE_minihydro_2011.pdf

_____. 2014. _Inclusive and Sustainable Industrial Development: Creating Shared Prosperity - Safeguarding the Environment._ Vienna, UNIDO. http://www.unido.org/en/who-we-are/structure/directorgeneral/vision.html

_____.n.d. UNIDO website. INDSTAT4. https://stat.unido.org/

UNISDR (United Nations Office for Disaster Risk Reduction). 2015. _Sendai Framework for Disaster Risk Reduction 2015-2030._ Geneva, Switzerland, UNISDR.

United States Conference of Mayors. 2008a. U.S. _Metro Economies: Current and Potential Green Jobs in the U.S. Economy._ Lexington, Mass., USA, Global Insight, Inc. http://www.usmayors.org/pressreleases/uploads/GreenJobsReport.pdf

_____. 2008b. _Local Government Investment in Municipal Water and Sewer Infrastructure: Adding Water to the National Economy._ Washington, DC, The U.S. Conference of Mayors. http://www.usmayors.org/urbanwater/documents/LocalGovt%20InvtInMunicipalWaterandSewerInfrastructure.pdf

UN SC (United Nations Security Council). 1999. Resolution No. 1244. Adopted by the Security Council at its 4011th meeting. http://daccess-dds-ny.un.org/doc/UNDOC/GEN/N99/172/89/PDF/N9917289.pdf?OpenElement

UNSD (United Nations Sustainable Development). 1992. _Agenda 21._ United Nations Conference on Environment and Development, Rio de Janeiro, Brazil, 3 to 14 June 1992. https://sustainabledevelopment.un.org/content/documents/Agenda21.pdf

_____. n.d. UNSD website. Millennium Development Goals Indicators. The official United Nations site for the MDG Indicators. http://unstats.un.org/unsd/mdg/Metadata.aspx?IndicatorId=0&SeriesId=768

UN-Water. 2011. UN-Water, _Chapter 3: Thematic Conference Paper_ .Conference Book from the UN-Water Conference: Water in the Green Economy in Practice: Towards Rio+20. http://www.un.org/waterforlifedecade/green_economy_2011/pdf/watergreenconf_chap3_conference_papers.pdf

_____. 2014. _A Post-2015 Global Goal for Water: Synthesis of Key Findings and Recommendations from UN-Water._

_____. 2015. _Means of Implementation: A Focus on Sustainable Development Goals 6 and 17._ http://www.unwater.org/fileadmin/user_upload/unwater_new/docs/MoI%20Executive%20Summary_15%20July%202015.pdf

UNW-DPAC (UN-Water Decade Programme on Advocacy and Communication). 2011. _A Water Toolbox or Best Practice Guide of Actions: A Contribution from the UN-Water Conference on "Water in the Green Economy in Practice: Towards Rio+20"._ Zaragoza, Spain, UNW-DPAC. http://www.un.org/waterforlifedecade/green_economy_2011/pdf/water_toolbox_for_rio+20.pdf

_____. 2012. The Contribution of Water Technology to Job Creation and Development of Enterprises. UNW DPC Publication Series, Knowledge No. 8. Bonn, Germany, UNW-DPC. http://www.unwater.unu.edu/file/get/539

UN Women. 2015. _Progress of the World's Women 2015-2016: Transforming Economies, Realizing Rights._ New York, UN Women. http://progress.unwomen.org/en/2015/pdf/UNW_progressreport.pdf

USAID-SUWASA (United States Agency for International Development-Sustainable Water and Sanitation in Africa). n.d. USAID-SUWASA website. Support for Sustainable Private Water Operators in Matola and Maputo. http://usaid-suwasa.org/index.php/projects-and-activities/mozambique

US Bureau of Labor Statistics. n.d. _Occupational Outlook Handbook, 2014-15 Edition, Water and Wastewater Treatment Plant and System Operators._ http://www.bls.gov/ooh/production/water-and-wastewater-treatment-plant-and-system-operators.htm

V

Valodia, I. and Devey, R. 2005. _Gender, Poverty, Employment and Time Use: Some Issues in South Africa._ Durban, South Africa, University of KwaZulu-Natal.

van Koppen, B. 2002. _A Gender Performance Indicator for Irrigation: Concepts, Tools, and Applications._ Research Report 59. Colombo, Sri Lanka, International Water Management Institute (IWMI). http://www.iwmi.cgiar.org/Publications/IWMI_Research_Reports/PDF/pub059/Report59.pdf

Veolia and IFPRI (International Food Policy Research Institute). 2015. _The Murky Future of Global Water Quality._ A White Paper by Veolia & IFPRI. https://www.veolianorthamerica.com/sites/g/files/dvc596/f/assets/documents/2015/04/IFPRI_Veolia_H2OQual_WP.pdf

ViaWater. n.d. ViaWater website. https://www.viawater.nl/

Vince, G. 2010. Out of the Mist. _Science_, 330(6005): 750–751.

W

Water World. n.d. Water World website. Nutrient Recovery Technology Transforms World's Largest Wastewater Treatment Plant. http://www.waterworld.com/articles/print/volume-31/issue-2/features/nutrient-recovery-technology-transforms-world-s-largest-wastewater-treatment-plant.html

WaterAid. n.d. WaterAid website. Gender Aspects of Water and Sanitation. Additional Resources. London, WaterAid. http://www.wateraid.org/uk/google-search?query=gender-aspects-water-sanitation&refinement=publications

WaterTap (Water Technology Acceleration Project). n.d. WaterTap website. http://www.watertapontario.com/

WAW (World Agriculture Watch). 2014. _Implementation of WAW International Typology: Synthesis Report of Seven National Case Studies (Argentina, Brazil, France, Madagascar, Malawi, Nicaragua, Vietnam)._ Rome, WAW. http://www.worldagricultureswatch.org/sites/default/files/documents/synthesis_typology_report.pdf

Wehn, U. and Alaerts, G. 2013. Leadership in Knowledge and Capacity Development in the Water Sector: A Status Review. _Water Policy_, 15:1–14.

Wehn, U. and Evers, J. 2015. The Social Innovation Potential of ICT-enabled Citizen Observatories to Increase eParticipation in Local Flood Risk Management. *Technology in Society*, 42:187-198.

Wehn, U. and Montalvo, C. 2015. Exploring the Dynamics of Water Innovation. *Journal of Cleaner Production*, 87:3-6.

WeSenselt. n.d. WeSenselt website. http://wesenseit.eu/

WHO (World Health Organization). 2001. *Macroeconomics and Health: Investing in Health for Economic Development*. Report of the Commission on Macroeconomics and Health. Geneva, Switzerland. WHO. http://apps.who.int/iris/bitstream/10665/42435/1/924154550X.pdf

_____. 2006. *Guidelines for the Safe Use of Wastewater, Excreta and Greywater*. Volume 1-4. Geneva, Switzerland, WHO. http://www.who.int/water_sanitation_health/wastewater/gsuww/en/

_____. 2012. *Global Costs and Benefits of Drinking-water Supply and Sanitation Interventions to Reach the MDG Target and Universal Coverage*. Geneva, Switzerland, WHO. http://www.who.int/water_sanitation_health/publications/2012/globalcosts.pdf

_____. 2014. *Investing in Water and Sanitation: Increasing Access, Reducing Inequalities. Global Analysis and Assessment of Sanitation and Drinking-Water (GLAAS) Report*. Geneva, Switzerland, WHO. http://www.who.int/water_sanitation_health/glaas/2014

World Bank. 2005. *World Development Report 2006: Equity and Development*. Washington, DC, The World Bank.

_____. 2007a. *Making the Most of Scarcity: Accountability for Better Water Management Results in the Middle East and North Africa*. Mena Development Report. Washington, DC, The World Bank. http://siteresources.worldbank.org/INTMNAREGTOPWATRES/Resources/Making_the_Most_of_Scarcity.pdf

_____. 2007b. *World Development Report 2008: Agriculture for Development*. Washington, DC, The World Bank. https://openknowledge.worldbank.org/handle/10986/5990

_____. 2010. *Public-private Partnerships for Urban Water Utilities: A Review of Experiences in Developing Countries*. Water P-Notes No. 41. Washington, DC, The World Bank. http://documents.worldbank.org/curated/en/2010/04/12550676/public-private-partnerships-urban-water-utilities-review-experiences-developing-countries

_____. 2011. *World Development Report 2012: Gender Equality and Development*. Washington, DC, The World Bank. http://siteresources.worldbank.org/INTWDR2012/Resources/7778105-1299699968583/7786210-1315936222006/Complete-Report.pdf

_____. 2012. *Hidden Harvest: The Global Contribution of Capture Fisheries*. Washington, DC, The World Bank. http://documents.worldbank.org/curated/en/2012/05/16275095/hidden-harvest-global-contribution-capture-fisheries

_____. 2015. Water Sector Regulation. http://ppp.worldbank.org/public-private-partnership/sector/water-sanitation/laws-regulations

_____. n.d.a. The World Bank website. Cooperation in International Waters in Africa (CIWA). www.worldbank.org/en/programs/cooperation-in-international-waters-in-africa

_____. n.d.b. World Development Indicators. http://data.worldbank.org/data-catalog/world-development-indicators

WSP (Water and Sanitation Program). 2012. *Economic Assessment of Sanitation Interventions in Vietnam: A Six-country Study Conducted in Cambodia, China, Indonesia, Lao PDR, the Philippines and Vietnam under the Economics of Sanitation Initiative (ESI)*. Water and Sanitation Program Technical Paper. Jakarta, WSP. https://www.wsp.org/sites/wsp.org/files/publications/WSP-ESI-assessment-Vietnam.pdf

WSSD (World Summit on Sustainable Development). 2002. Plan of Implementation of the World Summit on Sustainable Development. Adopted at WSSD, Johannesburg, South Africa, 26 August-4 September 2002. http://www.un.org/esa/sustdev/documents/WSSD_POI_PD/English/WSSD_PlanImpl

Wutich, A. 2009. Intrahousehold Disparities in Women and Men's Experiences of Water Insecurity and Emotional Distress in Urban Bolivia. *Medical Anthropology Quarterly*, 23(4): 436-454.

WWAP (United Nations World Water Assessment Programme). 2009. *The United Nations World Water Development Report 3: Water in a Changing World*. London/Paris, Earthscan/UNESCO. http://unesdoc.unesco.org/images/0018/001819/181993e.pdf

_____. 2012. *The United Nations World Water Development Report 4: Managing Water under Uncertainty and Risk*. Paris, UNESCO. http://www.unesco.org/new/en/natural-sciences/environment/water/wwap/wwdr/wwdr4-2012/

_____. 2014. *The United Nations World Water Development Report 2014: Water and Energy*. Paris, UNESCO. http://unesdoc.unesco.org/images/0022/002257/225741E.pdf

_____. 2015. *The United Nations World Water Development Report 2015: Water and Sustainable World*. Paris, UNESCO. http://unesdoc.unesco.org/images/0023/002318/231823E.pdf

WWAP Working Group on Sex-Disaggregated Indicators. 2015. *Questionnaire for Collecting Sex-disaggregated Water Data*. Gender and Water Series. WWAP. Paris, UNESCO. http://www.unesco.org/new/fileadmin/MULTIMEDIA/HQ/SC/pdf/Questionnaire_for_collecting_sex_disaggregated_water_dat.pdf

WWC/OECD (World Water Council/Organisation for Economic Co-operation and Development). 2014. *High Level Panel on Financing Infrastructure for a Water-Secure World*. Briefing Note & Issues Paper. Paris, OECD.

_____. 2015. *Water: Fit to Finance? Catalyzing National Growth through Investment in Water Security*. Report of the High Level Panel on Financing Infrastructure for a Water-secure World. Marseille, France, WWC. http://www.worldwatercouncil.org/fileadmin/world_water_council/documents/publications/forum_documents/WWC_OECD_Water-fit-to-finance_Report.pdf

缩写和缩略词

2030 WRG	2030 Water Resources Group	2030 水资源组织
AfDB	African Development Bank	非洲开发银行
ADB	Asian Development Bank	亚洲开发银行
AU	African Union	非洲联盟
BAU	Business-as-usual	一切照旧
BOD	Biochemical oxygen demand	生化需氧量
CAWMA	Comprehensive assessment of water management in agriculture	农业用水管理综合评估
CDP	Carbon disclosure project	碳信息披露项目
DEWATS	Decentralized wastewater treatment systems	分散式废水处理系统
DSR	Direct-seeded rice	直播稻
EC	European Commission	欧盟委员会
EIP Water	European Innovation Partnership on Water	欧洲水资源创新伙伴关系
ERSAR	Water and Waste Services Regulation Authority	水与废弃物服务监管局
EU	European Union	欧盟
EWR	Environmental water requirements	环境需水
FAO	Food and Agriculture Organization of the United Nations	联合国粮食及农业组织（联合国粮农组织）
FPA	Fonctionares privados do agua	私营水运营商
GDP	Gross domestic product	国内生产总值
GLAAS	Global Analysis and Assessment of Sanitation and Drinking-Water	全球卫生和饮用水分析和评估
GRACE	NASA's Gravity Recovery and Climate Experiment	美国宇航局的重力场恢复及气候实验
ICT	Information and communication technology	信息和通信技术
IEA	International Energy Agency	国际能源署
IFAD	International Fund for Agricultural Development	国际农业发展基金
IFPRI	International Food Policy Research Institute	国际粮食政策研究所
IPPC	Intergovernmental Panel on Climate Change	政府间气候变化专门委员会

ILO	International Labour Organization	国际劳工组织
I-O	Input-output	输入-输出
IOM	International Organization for Migration	国际移民组织
IRENA	International Renewable Energy Agency	国际可再生能源机构
IWA	International Water Association	国际水协会
IWMI	International Water Management Institute	国际水管理研究所
IWRM	Integrated water resource management	水资源综合管理
JMP	WHO/UNICEF Joint Monitoring Programme for Water Supply and Sanitation	世界卫生组织/联合国儿基金供水及卫生联合监测计划
LDC	Least developed countries	最不发达国家
MDG	Millennium Development Goal	千年发展目标
MW	Megawatt	兆瓦（百万瓦特）
NGO	Non-governmental organization	非政府组织
NRW	Non-revenue water	无收益水
OECD	Organisation for Economic Cooperation and Development	经济合作与发展组织（经合组织）
PES	Payment for ecosystem services	生态系统服务付费
PPP	Public-private partnership	政府和社会资本合作（公私伙伴关系）
PV	Photovoltaic	光伏
R & D	Research and development	研究与开发
SAM	Social Accounting Matrix	社会核算矩阵
SDG	Sustainable Development Goal	可持续发展目标
SME	Small and medium-sized enterprises	中小型企业
UN	United Nations	联合国
UNDESA	United Nations Department of Economic and Social Affairs	联合国经济和社会事务部
UNDP	United Nations Development Programme	联合国开发计划署
UNECA	United Nations Economic Commission for Africa	联合国非洲经济委员会
UNECE	United Nations Economic Commission for Europe	联合国欧洲经济委员会

UNECLAC	United Nations Economic Commission for Latin America and the Caribbean	联合国拉丁美洲和加勒比经济委员会
UNEP	United Nations Environment Programme	联合国环境规划署
UNESCAP	United Nations Economic and Social Commission for Asia and the Pacific	联合国亚洲及太平洋经济社会委员会
UNESCO	United Nations Educational, Scientific and Cultural Organization	联合国教育、科学及文化组织（联合国教科文组织）
UNESCWA	United Nations Economic and Social Commission for Western Asia	联合国西亚经济社会委员会
UNGA	United Nations General Assembly	联合国大会
UN-Habitat	United Nations Human Settlements Programme	联合国人居署
UNIDO	United Nations Industrial Development Organization	联合国工业发展组织（联合国工发组织）
UNISDR	United Nations Office for Disaster Risk Reduction	联合国减少灾害风险办公室
WASH	Water, sanitation and hygiene	水、环境卫生与个人卫生
WaterTAP	Water Technology Acceleration Project	水技术加速工程
WBCSD	World Business Council for Sustainable Development	世界可持续发展商业理事会
WFP	United Nations World Food Programme	联合国世界粮食计划署
WHO	World Health Organization	世界卫生组织
WOP	Water operation partnership	水行动伙伴
WWAP	World Water Assessment Programme	世界水评估计划

照片来源

摘要

第 1 页：© Alexander Mazurkevich/Shutterstock. com

第 1 章

第 9 页：© SergiyN/Shutterstock. com

第 2 章

第 15 页：© iStock. com/wosabi

第 24 页：© Lisa S. /Shutterstock. com

第 3 章

第 29 页：© Iryna Rasko/Shutterstock. com

第 36 页：© Milos Muller/Shutterstock. com

第 42 页：© Vladimir Salman/Shutterstock. com

第 44 页：© Avatar _ 023/Shutterstock. com

第 4 章

第 47 页：© 亚洲开发银行，flickr. com, CC BY NC ND 2. 0

第 5 章

第 51 页：© 联合国儿童基金会埃塞俄比亚办事处/2014/Ose, flickr. com, CC BY NC ND 2. 0

第 57 页：© 国际林业研究中心 Achmad Ibrahim, flickr. com, CC BY NC 2. 0

第 6 章

第 61 页：© Anton _ Ivanov/Shutterstock. com

第 7 章

第 69 页：© Paul Vinten/Shutterstock. com

第 8 章

第 75 页：© 澳大利亚国际发展署，flickr. com, CC BY 2. 0

第 9 章

第 81 页：© B. Brown/Shutterstock. com

第 10 章

第 85 页：© Matyas Rehak/Shutterstock. com

第 11 章

第 89 页：© Tristan Tan/Shutterstock. com

第 12 章

第 93 页：© Tom Perry/世界银行，flickr. com, CC BY NC ND 2. 0

第 13 章

第 99 页：© Floki/Shutterstock. com

第 104 页：© hxdyl/Shutterstock. com

第 14 章

第 107 页：© iStock. com/ezza116

第 15 章

第 113 页：© iStock. com/Mariusz Szczygiel

第 16 章

第 119 页：© Cylonphoto/Shutterstock. com

第 17 章

第 125 页：© Georgina Smith/国际热带农业中心，flickr. com，CC BY NC SA 2. 0

第 18 章

第 129 页：©欧洲议会 Jean-Luc Flemal，flickr. com，CC BY NC SA 2. 0